中等职业教育
装备制造大类专业系列教材

车工技能训练

余 航 徐名生 郭诗尧 主编

中国建筑工业出版社

图书在版编目（CIP）数据

车工技能训练 / 余航，徐名生，郭诗尧主编．
北京：中国建筑工业出版社，2025.6. --（中等职业教
育装备制造大类专业系列教材）. -- ISBN 978-7-112
-31310-5

Ⅰ. TG510.6

中国国家版本馆 CIP 数据核字第 20250S43V8 号

本教材采用项目式编排，共 4 个部分，分 7 个项目，包含了普通车工技能实操训练所需的理论基础和实操技巧，即普通车床结构与认识、安全操作与日常维护、车削基础知识、机床基础操作、产品特征控制、孔轴配合件加工、企业案例拓展——拖拉机传动轴加工与实训。

本教材可以用作职业技术院校的普通车床实训课程教材，也可以用作普车初级职业技能等级证书参考资料。

为了便于本课程教学，作者自制免费课件资源，索取方式为：1. 邮箱：jckj@cabp.com.cn；2. 电话：（010）58337285。

责任编辑：司　汉　陈小娟
责任校对：张　颖

中等职业教育装备制造大类专业系列教材

车工技能训练

余　航　徐名生　郭诗尧　主编

＊

中国建筑工业出版社出版、发行（北京海淀三里河路 9 号）
各地新华书店、建筑书店经销
北京海视强森图文设计有限公司制版
建工社（河北）印刷有限公司印刷

＊

开本：787 毫米 × 1092 毫米　1/16　印张：$10\frac{3}{4}$　字数：207 千字
2025 年 8 月第一版　2025 年 8 月第一次印刷
定价：38.00 元（赠教师课件）
ISBN 978-7-112-31310-5
　　（45308）

前　言

　　《车工技能训练》是一本典型的项目式教材，弥补了传统教材偏重理论讲解，将普通车工所需要掌握的理论和机床操作的技巧，通过典型案例结合在一起。

　　本教材每个项目由若干子任务组成，任务之间由浅入深，环环相扣。每个子任务都设计了学习情景，包含学习目标、任务知识储备、实操训练、随堂练习、任务评价、课后反思、老师点评等环节。实操训练模块配备了操作视频，可供学习者自主学习和老师的辅助教学。孔轴配合件加工项目中，配备 CAD 工程图纸和任务的工艺流程图，与操作视频配合使用，使得加工过程更加清晰，便于老师的教学和学生的巩固复习。

　　本教材凝练了作者长期的专业项目建设和课程教学改革的结果，将日常教学场景融入教材，具有以下显著特征：

　　1. 以独立动手操作车床加工合格产品为主线的项目式教材

　　依据职业技术学校学生的认知规律和学习习惯，将知识点分解成若干知识颗粒，以重视动手能力的培养为导向，将工匠精神的内涵融入课堂教学，引导学生每节课学有所获，提升学生学习的收获感。

　　2. 利用视频资源和 CAD 软件，将重难点知识多方面展示，便于理解吸收

　　针对任务模块，在实操环节上，老师录制相关的教学演示视频，拓展学习的时间和空间维度。将复杂的工艺步骤，通过 CAD 软件分解，引导学生更加清晰掌握加工的各个环节。

　　3. 设计课堂评价和教学反思环节，引导师生学有所思

　　在每个子任务下，有本节课的任务评价，将学生的课堂表现和成果量化，使得学生更加了解自己在课堂上的状态。设计教学反思，引导学生回忆整个学习过程，做到温故知新。

　　本教材由武汉市东西湖职业技术学校余航、徐名生、郭诗尧担任主编；武汉市东西湖职业技术学校杨彬担任主审；武汉市东西湖职业技术学校马天露、

王胜和武汉船舶职业技术学院黄胜担任副主编；武汉市东西湖职业技术学校王小琴、蔚徕、李佳佳和湖北三丰机器人有限公司叶宋参编。余航编写项目1至项目4，徐名生编写项目5至项目6，叶宋编写项目7郭诗尧录制剪辑视频资源。马天露、王胜、黄胜负责视频脚本、课后习题编写整理。王小琴、蔚徕、李佳佳负责文本审核、表格制作等。全书由余航统稿。

本教材引导学生学习车工专业技能的同时，融入思政元素，一丝不苟、精益求精的职业素养和工匠精神贯穿学习的始终。

由于水平经验有限，不足之处和错误在所难免，不当之处，请多加指导。

目　录

第三部分

综合篇——
零件加工练习

第四部分

附录

1

第一部分

基础篇——
车床操作与安全规范

项目 1

普通车床结构与认识

任务 1.1 车床的组成与功能

一、学习目标

1. 能准确识别普通车床的主要组成部分。
2. 理解各核心部件的功能与联动关系。
3. 激发学生的好奇心和求知欲，培养学生对车床的学习兴趣。

二、任务知识储备

车床六大系统

（1）动力系统

组成：电动机（主电机）、皮带与皮带轮（V 带传动装置）、离合器与制动装置。

功能：为车床提供动力来源，驱动主轴旋转；通过皮带轮调节传动比，实现动力传递的柔性。

控制：紧急制动时快速停止主轴运转，保障安全。

常见问题：皮带老化易打滑，需定期检查张紧力。

（2）主轴系统（主轴箱、卡盘）

组成：主轴箱（含齿轮组、变速机构）、主轴（空心轴，前端安装卡盘）、卡盘（三爪 / 四爪卡盘，用于夹持工件）。

功能：通过齿轮变速实现主轴多级转速调节（如 CA6140 车床 12 档转速）；带动工件进行主运动（旋转运动），提供车削所需切削速度；通过主轴内孔穿入长棒料加工。

（3）进给系统（光杠、丝杠、溜板箱）

组成：进给箱（含交换齿轮、变速机构）、光杠（控制自动纵向／横向进给）、丝杠（专用于螺纹车削，与开合螺母配合）、溜板箱（含大溜板、中溜板、小溜板）。

功能：将主轴动力传递至刀架，控制刀具的进给运动；光杠驱动自动进给（车削外圆、端面）；丝杠精确控制螺距（车削螺纹时使用）。

实践要点：

操作区别：车削螺纹时必须使用丝杠，其他加工多用光杠。

常见错误：未脱开丝杠时启动自动进给，导致设备损坏。

（4）刀架系统（四方刀架、小滑板）

组成：四方刀架（可安装4把刀具）、小滑板（用于锥面车削或微量进给）、中拖板（控制横向进给，调节背吃刀量）、大拖板（带动刀具纵向移动）。

功能：固定刀具并实现多方向进给运动；快速换刀提升加工效率（如外圆刀→切断刀切换）；小滑板转角度后车削锥面（如莫氏锥度）。

实践要点：

对刀要求：刀具安装需与工件中心等高，避免"扎刀"或"让刀"。

安全规范：锁紧刀架螺栓，防止加工中刀具松动。

（5）尾座系统（顶尖、套筒）

组成：尾座体（可沿床身导轨移动）、尾座套筒（内置莫氏锥孔）、手轮与螺杆（控制套筒伸缩）、顶尖（固定／回转顶尖）。

功能：安装顶尖支撑长轴类工件（双顶尖装夹）；安装钻头、铰刀进行孔加工（如钻孔、扩孔）；调整尾座偏移量车削小锥度长锥面。

实践要点：

精度控制：尾座中心需与主轴中心同轴，偏移误差 ≤ 0.02mm。

典型应用：加工细长轴时配合跟刀架防止弯曲。

（6）床身与导轨（支撑与导向作用）

组成：床身（铸铁铸造，V型／平型导轨）、导轨防护罩、床脚（支撑与减震）。

功能：承载车床所有部件，确保整体刚性；导轨引导大拖板、尾座等部件的精准移动；减震设计降低加工振动，提高表面质量。

实践要点：

维护要求：每日清洁导轨切屑，定期涂抹导轨油防锈。

精度关联：导轨磨损会导致刀架移动误差（如锥度超差）。

四大系统协同关系：

动力传递链：动力系统→主轴系统→进给系统→刀架系统。

加工流程示例（车外圆）：主轴系统带动工件旋转（主运动）；进给系统驱动刀架纵向移动（进给运动）；床身导轨确保刀具移动轨迹精度。

CA6140A 型卧式车床如图 1.1-1 所示。

图 1.1-1　CA6140A 型卧式车床

三、随堂测试

（一）填空题

1. 普通车床的刀架系统由_____、_____、_____和_____组成。

2. 卧式车床由_____、_____、_____、_____、冷却、照明、尾座、床身等主要部位构成。

3. 在车床的各个部位中，我们将装夹工件的部位称为_____，将调整主轴转速的部位称为_____，将调整进给量的部位称为_____，将安装车刀的部位称为_____。

（二）简答题

简述主轴箱与进给箱的功能区别。

（三）案例分析

根据线条所指位置，写出车床部位的名称和作用

序号	部件名称	作用
1		
2		
3		
4		
5		
6		
7		
8		
9		
10		
11		
12		
13		

四、任务评价

序号	评价内容	评价方法	评价标准	配分	自评	互评	师评	得分
1	准确写出车床各个部件的名称	笔试	名称表达准确	20				
2	准确写出各个部件的作用	笔试	作用表述清晰	20				
3	简述车床的六大系统	口述	思维清晰，表达流畅，原理准确	20				
4	做笔记	交作业	认真做好笔记，字迹工整	20				
5	课堂表现	课堂提问	积极回答老师的问题	20				
	总计			100				

五、课后反思

1.通过本次任务的学习，我的收获有哪些？

_____

_____

2.学习过程中，遇到了哪些问题，我是如何解决的？

_____

_____

六、实训老师点评

实训老师评价等级			
等级评定	A：优 □	B：良 □	C：中 □	D：待改进 □
老师签名：			年　月　日
备注：满分100分。85分以上为"优"，75~84分为"良"，60~74分为"中"，60分以下为"待改进"			

任务1.2　车床传动系统与铭牌参数解读

一、学习目标

1.能用简单示意图描述车床的动力传动原理。

2.能正确读取车床铭牌上的技术参数。

3.培养学生规范操作和自主学习能力。

二、任务知识储备

（一）传动原理

主运动传动链：电机→皮带轮→主轴箱→卡盘（带动工件旋转）。

进给运动传动链：主轴箱→交换齿轮→进给箱→光杠 / 丝杠→溜板箱→刀架。

（二）关键部件作用

光杠：控制自动进给（车外圆、端面）。

丝杠：控制螺纹车削（需与交换齿轮配合）。

（三）铭牌核心参数

铭牌核心参数如图 1.2-1 所示。

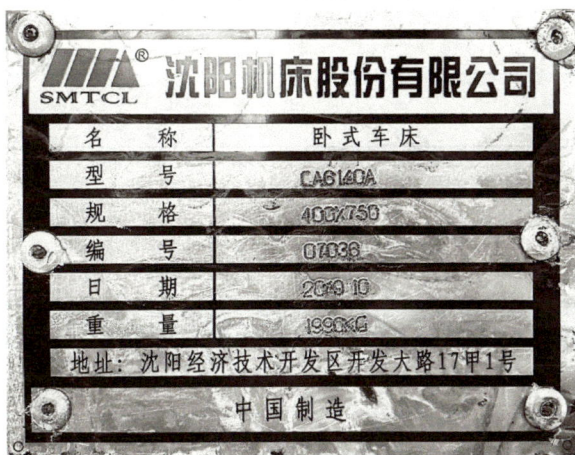

图 1.2-1　铭牌核心参数图

CA6140A 车床型号的含义可分解为以下部分：

1. 型号含义

C：代表机床的类别代号，表示车床类机床。A：为结构特性代号，表示该车床在结构或性能上与同组系其他型号（如 C6140）存在差异。6：属于组代号，对应"卧式车床组"，表明其属于落地及卧式车床类别。1：为系代号，代表普通卧式车床的基本型。40：表示主参数，即最大工件回转直径的 1/10，此处实际最大回转直径为 400mm。A：为重大改进顺序号，表示该型号是 CA6140 基础上完成的第一次重大改进。

2. 车床规格 400×750

含义：机床的工作台面或床身尺寸宽 400mm、长 750mm。

3. 编号

编号：07036

含义：该机床在生产或库存中的唯一编号，用于识别和管理。

4. 重量：1990KG

含义：机床的自重为 1990kg，即接近 2t。

三、随堂练习

1. 判断题：CA6140A 车床最大回转直径是 140mm。（ √ / × ）
2. 简述车床的传动原理，写出主运动和进给运动的传动链。

四、任务评价

序号	评价内容	评价方法	评价标准	配分	自评	互评	师评	得分
1	准确描述车床传动原理	笔试	表达准确	40				
2	识别铭牌参数	笔试	表述清晰	20				
3	做笔记	交作业	认真做好笔记，字迹工整	10				
4	课堂表现	课堂提问	积极回答老师的问题	30				
总计				100				

五、课后反思

1. 铭牌参数有什么作用，对我们的加工有什么指导意义？

2.学习过程中，遇到了哪些问题，我是如何解决的？

_____

_____

六、实训老师点评

实训老师评价等级			
等级评定	A：优　□	B：良　□	C：中　□	D：待改进　□
老师签名：			年　月　日
备注：满分100分。85分以上为"优"，75~84分为"良"，60~74分为"中"，60分以下为"待改进"			

任务1.3　车床加工范围与典型应用

一、学习目标

1.列举普通车床可加工的主要零件类型。

2.分析典型零件（如阶梯轴、螺纹件）的加工可行性。

3.培养学生规范操作和自主学习能力。

二、任务知识储备

1.普通车床可以加工如图1.3-1所示产品

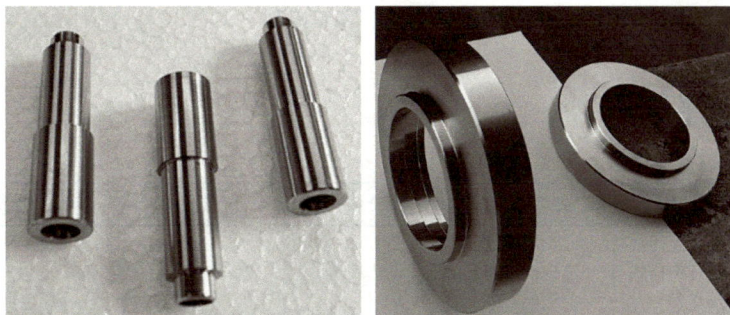

轴类　　　　　　　　　　　　盘类

图1.3-1　普通车床可加工的产品

2. 车床的基本知识

车床：利用工件的旋转运动和刀具的进给运动来加工工件的金属切削机床，是机械加工过程中最基本、最常用的加工方法。

车削加工：车床上用车刀从金属材料（毛坯）上切去多余的部分，以便工件获得符合要求的几何形状、尺寸精度及表面粗糙度的加工过程。

车削的主运动是工件的旋转运动，进给运动是刀具的移动。移动方向若平行于主轴轴线称为纵向进给，若垂直于主轴轴线称为横向进给。

3. 车床的加工对象

车床的加工对象有内外圆柱面（轴、孔）、端面、沟槽、切断、圆锥、钻孔（钻、扩、铰、攻螺纹、套丝）、螺纹、成型面、滚花等。

限制：非回转体零件（如箱体）、复杂曲面（需数控车床）。

三、随堂练习

1. 查阅资料，普通车床广泛应用于_____、_____、_____等领域。

2. 普通车床可以加工_____、_____等回转体类零件。

3. 图 1.3–2 中，哪张图片所示产品可以用普通车床加工得到？并在老师的帮助下，理解其他图片的特点。

图 1.3–2　产品示意图

四、任务评价

序号	评价内容	评价方法	评价标准	配分	自评	互评	师评	得分
1	简述普通车床可以加工什么样式的产品	笔试或口述	表达清晰	30				
2	这些产品有什么特点	笔试或口述	表达清晰	30				

续表

序号	评价内容	评价方法	评价标准	配分	自评	互评	师评	得分
3	做笔记	交作业	认真做好笔记，字迹工整	20				
4	课堂表现	课堂提问	积极回答老师的问题	20				
		总计		100				

五、课后反思

1.通过本次任务的学习，我的收获有哪些?

_____

_____

2.学习过程中，遇到了哪些问题，我是如何解决的?

_____

_____

六、实训老师点评

实训老师评价等级			
等级评定	A：优 □	B：良 □	C：中 □	D：待改进 □
老师签名：			年 月 日
备注：满分100分。85分以上为"优"，75~84分为"良"，60~74分为"中"，60分以下为"待改进"			

项目 2

安全操作与日常维护

任务 2.1　车床安全规范与危险源识别

一、学习目标

1. 能列举车床操作中的主要危险源。
2. 掌握个人防护装备的正确使用方法。
3. 提高学生的安全文明生产的自觉性。

二、任务知识储备

（一）安全规范核心内容

1. 管理要求：整理、整顿、清扫、清洁、素养、安全。
2. 三不伤害原则：不伤害自己、不伤害他人、不被他人伤害。
3. 防护装备：护目镜、工作服（紧袖口）、劳保鞋、防护帽。

（二）危险源识别

1. 高速旋转的卡盘、工件。
2. 未夹紧的刀具或工件飞出。
3. 长切屑缠绕造成割伤。

（三）安全实训顺口溜

（开机前的准备）
车床实训学习忙，安全操作记心上；
上课之前查服装，穿戴整齐才上岗；

衣袖头发要扎紧，做好准备你莫慌。

（车床加工前保养）

开车低速空运转，保证润滑都正常；

车床导轨要保护，不要随便放杂物；

丝杠床面和手轮，严格禁止用脚蹬。

（加工中注意）

操作严禁戴手套，防止手指被划掉；

学习精力要集中，工作旋转手勿碰；

高速切削戴眼镜，头离工件别太近；

开机操作侧面站，禁止正面对卡盘；

工件铁屑飞出来，划伤面容不好看；

笨重工件垫木板，防止掉落损床鞍；

车刀工件须夹牢，卡盘扳手随手摘；

清除铁屑拿铁钩，莫用棉纱莫用手；

测量尺寸须停车，莫让工件把手割。

（加工后保养）

脚下踏板要平稳，防止铁屑满地滚；

工作完毕查手柄，尾座滑板向后行；

清扫机床讲卫生，润滑导轨擦床身。

2.1-1 安全
实训规程

三、随堂测试

1. 填空题：车床操作时必须佩戴的防护装备包括_____和_____。

2. 案例分析：某学生未扎紧袖口操作车床导致受伤，违反哪项安全规范？

_____

_____

3. 图 2.1-1 是加工中的常见场景，请问哪些地方不符合实训安全规定，并说明理由。

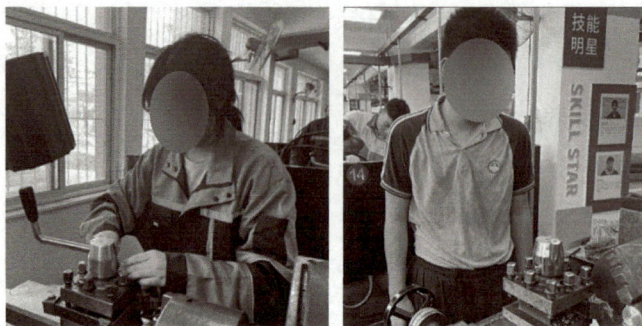

图 2.1-1 常见加工场景图

四、任务评价

序号	评价内容	评价方法	评价标准	配分	自评	互评	师评	得分
1	简述车床操作时的安全注意事项	笔试或口述	表达清晰	30				
2	介绍常见的危险源有哪些，我们应该如何规避	笔试或口述	表达清晰	30				
3	做笔记	交作业	认真做好笔记，字迹工整	20				
4	课堂表现	课堂提问	积极回答老师的问题	20				
总计				100				

五、课后反思

1.通过本次任务的学习，我的收获有哪些？

2.学习过程中，遇到了哪些问题，我是如何解决的？

六、实训老师点评

实训老师评价等级			
等级评定	A：优　□	B：良　□	C：中　□	D：待改进　□
老师签名：			年　月　日
备注：满分 100 分。85 分以上为"优"，75~84 分为"良"，60~74 分为"中"，60 分以下为"待改进"			

任务 2.2　车床日常维护与润滑管理

一、学习目标

1. 能独立完成车床日常保养项目。

2. 掌握润滑点位置与加油周期。

3. 培养学生吃苦耐劳的工作态度和严肃认真的工作作风。

二、任务知识储备

1. 日常维护内容

每日保养：清洁导轨、清空切屑箱、检查皮带松紧。

每周保养：清洗滤油器、补充冷却液。

2. 润滑系统

集中润滑点：主轴箱、进给箱、溜板箱。

手动加油点：导轨、丝杠（使用 30 机械油）。

润滑周期表（参考设备说明书）。

三、随堂测试

1. 选择题：导轨润滑应使用（　　　）油。

A. 齿轮油　　　　　　　　B. 液压油

C. 机械油　　　　　　　　D. 切削油

2. 简答题：列举 3 个必须每日检查的车床部件。

_____

_____

四、任务评价

序号	评价内容	评价方法	评价标准	配分	自评	互评	师评	得分
1	独立完成机床清洁卫生	实操演示	步骤准确连贯	40				
2	机床导轨润滑	实操演示	步骤准确连贯	20				
3	机床各个点位加润滑油	实操演示	步骤准确连贯	20				
4	做笔记	交作业	认真做好笔记，字迹工整	10				
5	课堂表现	课堂提问	积极回答老师的问题	10				
总计				100				

五、课后反思

1. 机床的润滑保养有什么作用?

_____

_____

2. 学习过程中，遇到了哪些问题，我是如何解决的?

_____

_____

六、实训老师点评

实训老师评价等级				
等级评定	A：优 □	B：良 □	C：中 □	D：待改进 □
老师签名：				年　月　日
备注：满分 100 分。85 分以上为"优"，75~84 分为"良"，60~74 分为"中"，60 分以下为"待改进"				

任务2.3 工量具定置管理与保养

一、学习目标

1. 能按定置管理要求存放工量具。
2. 掌握常用量具的保养方法。
3. 培养学生细致、严谨的学习态度和认真负责的工作作风。

二、任务知识储备

1. 日常使用规范

清洁与检查：使用前需擦拭量具测量面和工件被测表面，避免油污、铁屑等影响精度。检查量具是否有锈蚀、磨损或刮伤，确保归零状态正常。

操作注意事项：禁止将量具当作其他工具（如敲击、划线等）使用，以免造成变形或损坏。测量时力度需适当，避免过大压力导致误差或损伤量具。避免在机床运行时测量，以防振动或事故。

环境控制：精密测量需在20℃左右进行，一般测量应确保工件与量具温度一致。远离热源和磁场，防止量具受热变形或磁化。

2. 存放管理

规范存放：使用后及时清洁并涂防锈油，放入专用盒内平放保存，避免叠压。量具不得与刀具、工具混放，防止碰撞或掉落。

环境要求：存放于干燥处，避免受潮生锈。长期不用的量具需用软布包裹或密封保存，并定期检查。

3. 定期维护

校验与检修：定期送计量部门校验精度，确保示值误差符合标准。发现异常（如卡滞、误差明显）时，立即停止使用并送修，禁止自行拆装。

记录与跟踪：建立保养记录，追踪量具状态和校检周期，作为维护或淘汰依据。

4. 特殊工具保养示例

游标卡尺：使用后擦净表面油污和碎屑，平放于盒内；长期存放需涂油防锈。

千分尺：避免摔落或撞击，存放时保持测砧与测微螺杆分离。

三、随堂测试

图 2.3-1 中，工量具摆放和管理是否正确，请说明理由。

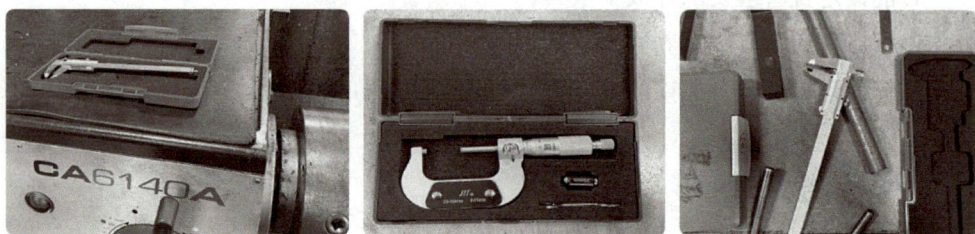

图 2.3-1　常见工量具摆放图

四、任务评价

序号	评价内容	评价方法	评价标准	配分	自评	互评	师评	得分
1	独立完成工具柜整理	实操演示	步骤准确连贯	40				
2	独立完成量具的养护	实操演示	步骤准确连贯	40				
3	做笔记	交作业	认真做好笔记，字迹工整	10				
4	课堂表现	课堂提问	积极回答老师的问题	10				
总计				100				

五、课后反思

1.通过本次任务的学习，我的收获有哪些?

2.学习过程中，遇到了哪些问题，我是如何解决的？

_____

_____

六、实训老师点评

实训老师评价等级			
等级评定	A：优 □	B：良 □	C：中 □	D：待改进 □
老师签名：			年 月 日
备注：满分100分。85分以上为"优"，75~84分为"良"，60~74分为"中"，60分以下为"待改进"			

任务 2.4 事故预防与应急处理

一、学习目标

1.能制定典型事故（如工件飞出、触电）的预防措施。

2.掌握轻微割伤、切屑入眼的应急处理方法。

3.培养学生的安全意识和应急处理能力。

二、任务知识储备

1. 事故预防措施

工件夹紧后空转试运行；禁止戴手套操作旋转部件。

2. 应急处理流程

切屑入眼：用洗眼器冲洗→报告教师→送医。

机械伤害：立即停机→止血包扎→上报事故。

3. 实践任务

模拟切屑飞溅入眼应急演练（使用洗眼器）。

三、随堂测试

1.多选题：预防工件飞出的措施包括（　　　）。

A.检查卡盘扳手是否取下　　　B.夹紧后空转试运行

C.使用防护罩　　　　　　　　D.提高主轴转速

2.写出手指割伤后的处理步骤（至少3步）。

_____

_____

四、任务评价

序号	评价内容	评价方法	评价标准	配分	自评	互评	师评	得分
1	模拟轻微割伤的处理	实操演示	步骤准确连贯	80				
2	做笔记	交作业	认真做好笔记，字迹工整	10				
3	课堂表现	课堂提问	积极回答老师的问题	10				
总计				100				

五、课后反思

1.通过本次任务的学习，我的收获有哪些?

_____

_____

2.学习过程中，遇到了哪些问题，我是如何解决的?

_____

_____

六、实训老师点评

实训老师评价等级			
等级评定	A：优　☐	B：良　☐	C：中　☐	D：待改进　☐
老师签名：			年　月　日
备注：满分100分。85分以上为"优"，75~84分为"良"，60~74分为"中"，60分以下为"待改进"			

项目 3

车削基础知识

任务 3.1　切削三要素的理解与应用

一、学习目标

1. 掌握切削速度、进给量、背吃刀量的定义与计算公式。
2. 能根据工件材料合理选择切削参数。
3. 培养学生严谨的逻辑推理能力。

二、任务知识储备

1. 核心概念

（1）切削速度（V_c）

定义：刀具切削刃上任意一点相对于工件待加工表面的瞬时线速度，反映主运动的快慢。

计算公式：$V_c = \dfrac{\pi D n}{1000}$

D：工件待加工表面直径（单位：mm）；

n：主轴转速（单位：r/min）。

意义：切削速度过高→刀具磨损快、工件表面烧伤；切削速度过低→加工效率低、易产生积屑瘤。

（2）进给量（f）

定义：工件每旋转一周，刀具沿进给方向移动的距离。

分类：纵向进给（车外圆），沿工件轴线方向；横向进给（车端面），垂直工件轴线方向。单位：mm/r（毫米/转）。

参考取值范围：粗加工，选较大进给量（0.3~0.6mm/r）；精加工，选较小进给量（0.1~0.3mm/r）。

（3）背吃刀量（a_p）

定义：工件待加工表面与已加工表面之间的垂直距离，反映切削深度。

计算公式：$a_p = \dfrac{D-d}{2}$

D：加工前工件直径（单位：mm）；

d：加工后工件直径（单位：mm）。

选择原则：

粗加工：取大背吃刀量（2~5mm），快速去除余量；精加工：取小背吃刀量（0.2~0.5mm），保证尺寸精度。

2. 三要素的协同关系与选择原则

（1）参数优先级

背吃刀量：根据余量优先确定。

进给量：根据表面质量要求调整。

切削速度：最后通过公式计算或查表确定。

（2）材料与参数匹配（表 3.1-1）

材料与参数匹配表 表 3.1-1

工件材料	典型切削速度范围 /（m/min）	背吃刀量范围 /mm
铝合金	150~300	0.5~3
45 钢（调质）	80~120	1~4
铸铁（HT200）	60~90	2~5

（3）经验公式应用

主轴转速计算示例：

加工 ϕ50mm 的 45 钢工件，切削速度选择 90m/min，则：

$$V_c = \frac{\pi D n}{1000}，\ 则\ n = \frac{1000 V_c}{\pi D} = \frac{90000}{3.14 \times 50} \approx 573\text{r/min}$$

实际根据车床铭牌选择最接近转速（如 560r/min 或 600r/min）。

3. 实践应用与常见问题

（1）加工案例分析

任务描述：粗车 ϕ80mm 铸铁棒料至 ϕ75mm，长度 100mm。

参数设计：

背吃刀量：$a_p =$（80-75）/2=2.5mm

进给量：选 0.4mm/r（粗加工）；

切削速度：查表选 70m/min，计算转速：

$$V_c = \frac{\pi D n}{1000}, \text{ 则 } n = \frac{1000 V_c}{\pi D} = \frac{70000}{3.14 \times 80} \approx 279 \text{r/min}$$

（2）常见错误与修正

问题1：转速过高导致刀具崩刃

原因：未根据工件直径调整切削速度（如 ϕ20mm 工件按 ϕ80mm 转速加工）。

修正：直径减小时需提高转速以维持合理切削速度。

问题2：表面粗糙度差

原因：精加工时进给量过大（如 f=0.5mm/r）。

修正：降低进给量至 0.15mm/r，并提高切削速度。

企业案例融入：

展示某工厂因背吃刀量过大导致断刀的报废件，强调参数选择的重要性。

参数选择原则：

硬材料选低转速，软材料选高转速；粗加工大背吃刀量，精加工小进给量。

三、随堂测试

1. 计算题：车削 ϕ100mm 铸铁工件，切削速度选 60m/min，求主轴转速。

_____

_____

2. 判断题：精加工时应优先增大背吃刀量以提高效率。（√/×）

四、任务评价

序号	评价内容	评价方法	评价标准	配分	自评	互评	师评	得分
1	背诵切削三要素的概念和计算公式	笔试	步骤准确连贯	40				
2	应用公式解决实际问题	笔试	计算思路清晰准确	40				
3	做笔记	交作业	认真做好笔记，字迹工整	10				
4	课堂表现	课堂提问	积极回答老师的问题	10				
	总计			100				

五、课后反思

1.切削三要素对实际的加工有何影响，在实际过程中，我们应该如何合理选择？

_____

_____

2.学习过程中，遇到了哪些问题，我是如何解决的？

_____

_____

六、实训老师点评

实训老师评价等级			
等级评定	A：优 □	B：良 □	C：中 □	D：待改进 □
老师签名：			年　月　日
备注：满分100分。85分以上为"优"，75~84分为"良"，60~74分为"中"，60分以下为"待改进"			

任务3.2　车刀几何角度与刃磨训练

一、学习目标

1.能辨识车刀前角、后角、主偏角等关键角度。
2.掌握外圆车刀的刃磨方法与砂轮机操作规范。
3.培养学生吃苦耐劳的品质和精益求精的态度。

二、任务知识储备

1.车刀角度功能

车刀角度功能如表3.2-1所示。

车刀角度功能   表 3.2-1

角度名称	定义与作用	测量平面
前角（γ_0）	前刀面与基面的夹角，决定切削刃锋利度与强度；增大前角可降低切削力，但会削弱刃口强度	正交平面
后角（α_0）	后刀面与切削平面的夹角，减少刀具与工件的摩擦，防止崩刃；精加工需较大后角，粗加工需较小后角	正交平面
主偏角（κ_r）	主切削刃与进给方向的夹角，影响切削力方向和刀具耐用度；减小主偏角可提高耐用度，但易引发振动	基面
副偏角（κ_r'）	副切削刃与进给方向反方向的夹角，控制已加工表面粗糙度；副偏角过大会导致表面划痕	基面
刃倾角（λ）	主切削刃与基面的夹角，控制切屑流向；正值切屑流向待加工表面，负值切屑流向已加工表面	切削平面

（1）参考平面与坐标系

车刀角度需通过图 3.2-1 辅助平面定义（见图示坐标系）：

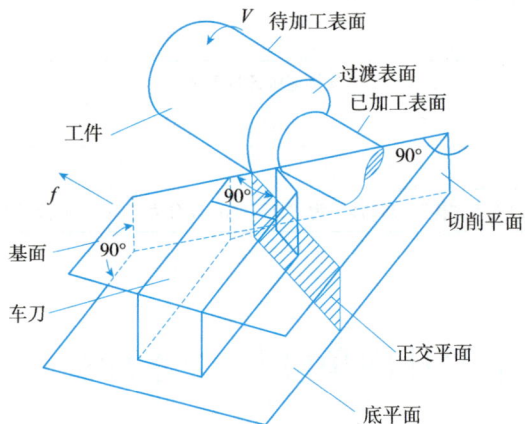

图 3.2-1　车刀角度示意图

基面（P_r）：过切削刃选定点，平行于刀杆底面的平面，作为角度测量的水平基准。

切削平面（P_s）：过切削刃选定点，与主切削刃相切且垂直于基面的平面。

正交平面（P_o）：垂直于基面和切削平面的剖面，用于测量前角、后角等关键参数。

（2）角度对切削性能的影响

前角选择：

材料硬度高（如淬火钢）：前角取小值（-5°~8°），增强刃口强度。

材料硬度低（如铝合金）：前角取大值（10°~15°），提高切削效率。

主偏角应用：

粗加工：主偏角取 75°~90°，减少振动。

精加工：主偏角取 45°~60°，提高表面质量。

刃倾角控制：

断续切削（如铣削）：负刃倾角（–5°~0°）保护刀尖。

连续切削：正刃倾角（0°~5°）改善排屑。

（3）角度测量与验证工具

万能角度尺：用于直接测量主偏角、副偏角等参数，误差需 ≤ 1°。

投影仪 / 显微镜：观察刃口崩刃、磨损情况，辅助调整刃磨角度。

（4）教学要点与注意事项

实践关联理论：结合砂轮刃磨演示，直观展示前角、主偏角调整对切屑形态的影响。

安全渗透：强调刃磨时砂轮防护罩与护目镜的必要性，避免碎屑飞溅。

误差分析：若刃磨后切削力异常增大，需重点检查前角是否过小或主偏角偏移。

（5）砂轮的选用

目前常用的砂轮有氧化铝砂轮和碳化硅砂轮两种。

①氧化铝砂轮适用于高速钢和碳素工具钢刀具的刃磨。

②碳化硅砂轮适用于硬质合金车刀的刃磨。

砂轮的粗细以粒度表示，一般可分为 36 号、60 号、80 号、120 号等级别。粒度越大则表示组成砂轮的磨料越细，反之越粗。粗磨车刀应选粗砂轮，精磨车刀应选细砂轮。

2. 车刀刃磨方法

刃磨要求：刃直面光无爆口。主、副切削刃成一直线；前刀面、主后刀面、副后刀面光洁，表面粗糙度小；主切削刃不得有爆口。

（1）断屑槽：有圆弧形和直线形两种。断屑槽斜角有外斜式、平行式和内斜式三种。

（2）刀尖 R 或倒棱：刀尖 R 就是在刀尖处磨出一小圆弧，倒棱就是在刀尖处磨出一小倒角，两者的目的是保护刀尖。刀尖 R 或倒棱的参数要适当，过大会增加切削阻力，也影响加工表面粗糙度。

（3）过渡刃：在主切削刃上磨一倒棱（即一小前刀面，有正值、负值和零度三种角度可选择，其宽度常小于进给量，目的是提高主切削刃的强度。

（4）修光刃：在副切削刃上靠近刀尖处磨一零度副偏角，其长度为一进给量的大小，常用在精加工刀具上，用于修光已加工表面，提高表面粗糙度。

刀具刃磨时的注意事项：高速钢刀具为防退火，可用水冷却；硬质合金刀具切忌用水冷却。刀具刃磨时，尽量使用砂轮的圆柱面，不使用或少使用砂轮的端面。

高速钢刀具用白砂轮（氧化铝），硬质合金刀具用绿砂轮（碳化硅）。

3. 车刀刃磨的安全注意事项

（1）车刀刃磨时，不能用力过大，以防打滑伤手。

（2）车刀高低必须控制在砂轮水平中心，刀头略向上翘，否则会出现后角过大或负后角等弊端。

（3）车刀刃磨时，应做水平的左右移动，以免砂轮表面出现凹坑。

（4）在平行砂轮上磨刀时，尽可能避免使用砂轮的侧面。

（5）磨刀时一定要戴防护镜。

（6）刃磨硬质合金车刀时，不可把刀头部分放入水中冷却，以防刀片突然冷却而碎裂。刃磨高速钢车刀时，应随时用水冷却，以防车刀过热退火，降低硬度。

（7）在磨刀前，要对砂轮机的防护设施进行检查。如防护罩壳是否安全；有托架的砂轮，其托架与砂轮之间的间隙是否恰当等。

（8）重新安装砂轮后，要进行检查，经试转后才可使用。

（9）刃磨结束后，应随手关闭砂轮机电源。

刃磨步骤：

粗磨主后面→精磨副后面→磨前刀面→修磨刀尖圆弧。

三、随堂测试

1. 填空题：车刀主偏角过大会导致_____减小，散热能力下降。

2. 连线题：将角度名称与功能连线。（如"前角→排屑顺畅性"）

刃倾角　　　　　修整已加工表面

修光刃　　　　　改变切屑的流向

主偏角　　　　　增加减小刀头强度

四、任务评价

序号	评价内容	评价方法	评价标准	配分	自评	互评	师评	得分
1	准确描述刀具各个角度对加工的影响	笔试或口头回答	表达准确清晰	30				

续表

序号	评价内容	评价方法	评价标准	配分	自评	互评	师评	得分
2	动手刃磨 90° 外圆车刀	实操作业	角度清晰	60				
3	课堂表现	课堂提问	积极回答老师的问题	10				
总计				100				

五、课后反思

1. 请根据今天学习的刀具角度知识，课后用废弃的纸板做一个 90° 外圆车刀模型。

2. 学习过程中，遇到了哪些问题，我是如何解决的？

_____

_____

六、实训老师点评

实训老师评价等级			
等级评定	A：优　□	B：良　□	C：中　□　　D：待改进　□
老师签名：			年　月　日
备注：满分 100 分。85 分以上为"优"，75~84 分为"良"，60~74 分为"中"，60 分以下为"待改进"			

2

第二部分

技能篇——
典型零件加工

项目 4　机床基础操作　项目 5　产品特征控制

项目 4

机床基础操作

任务 4.1　装夹工件和刀具

一、学习目标

1. 能独立在卡盘上正确装夹工件。
2. 能独立在刀架上正确安装外圆车刀和切断刀。
3. 培养学生谨慎认真的工作习惯。（安装工件和刀具需要仔细）

二、任务知识储备

1. 车刀的类型和作用

4.1-1　工件装夹

车刀类型	用途
90° 车刀（偏刀）	用来车削工件的外圆、台阶和端面
45° 车刀（弯头车刀）	用来车削工件的外圆、端面和倒角
切断刀	用来切断工件或工件上的车槽
内孔车刀	用来车削工件的内孔
圆弧刀	用来车削工件的圆弧面或成型面
螺纹车刀	用来车削螺纹

4.1-2　车刀装夹

2. 学习老师安装工件和刀具的视频

通过观察，总结安装过程中的注意事项。

3. 参考安装过程中的场景（图 4.1-1）

4.1-3　更换三爪卡盘卡爪

图 4.1-1 安装场景图

	序号	内容	错误点
		装夹工件时，下列操作是否符合实训过程中的安全注意事项	
找错误，并改正	1		
	2		

续表

	序号	内容	错误点
找错误，并改正	3		
		安装车刀时，下列操作是否符合实训过程中的安全注意事项	
找错误，并改正	1		
	2		
	3		

工件装夹练习

要求：学生分小组，每组5人，在小组长的带领下，装夹工件伸出卡爪100mm。每个同学至少练习2次，老师随机选取其中1名学生，测试装夹工件，工件伸出卡爪60mm

续表

	序号	内容	关键点
工件装夹	1	 选择合适的毛坯，用卡盘扳手打开卡爪	卡盘扳手随手摘
	2	 钢直尺测量伸出的长度	保正足够的夹持长度
	3	 卡盘扳手锁紧卡爪，使用加力杆，适当夹紧	根据每个同学力量的大小，夹紧力度要合适

刀具安装练习

要求：学生分小组，每组 5 人，在小组长的带领下，安装外圆车刀。每个同学至少练习 2 次，老师随机选取其中 2 名学生，测试装刀过程

续表

	序号	内容	关键点
车刀安装	1	 根据要求选择正确的刀具类型	准确找出 90° 外圆车刀
	2	 将外圆车刀置于刀架上，注意螺钉的压紧位置和刀具的伸出长度	压紧位置适当，刀具的伸出长度适当并且不能影响下一个刀位的安装
	3	 用刀架扳手锁紧刀架，不允许使用加力杆	根据每名同学力量的大小，夹紧力度要合适

三、随堂练习

1. 常见的毛坯材料有_____、_____等。

2. 工件装夹时应注意：_____

_____

_____

3. 常用车刀有_____、_____、_____等。

4. 刀具安装时应注意：_____

_____

_____

四、任务评价

序号	总内容	详细内容	评价方法	评价标准	配分	自评	互评	师评	得分
1	独立正确装夹工件	使用卡盘扳手	实操演示	步骤准确连贯	10				
2		控制工件伸出长度			10				
3		加紧工件			10				
4	独立正确安装车刀	选择车刀类型	实操演示	步骤准确连贯	10				
5		刀具安装方向			10				
6		夹紧刀具			10				
7	做笔记		交作业	认真做好笔记，字迹工整	30				
8	课堂表现		课堂提问	积极回答老师的问题	10				
	备注说明：			总分	100				

五、课后反思

1.通过本次任务的学习，我的收获有哪些？

_____

_____

2.学习过程中，遇到了哪些问题，我是如何解决的？

_____

_____

六、实训老师点评

实训老师评价等级			
等级评定	A：优 □	B：良 □	C：中 □	D：待改进 □
老师签名：			年 月 日
备注：满分 100 分。85 分以上为"优"，75~84 分为"良"，60~74 分为"中"，60 分以下为"待改进"			

任务 4.2 车床启停与基础操作安全

一、学习目标

1. 能规范执行车床启动、停机操作流程。
2. 掌握紧急情况下的制动方法。
3. 培养学生的安全生产意识。

二、任务知识储备

标准操作流程：

启动前检查：润滑状态、工件夹紧、防护罩闭合。

启动顺序：总电源→主轴正转/反转→进给系统。

停机顺序：关闭进给→主轴停转→切断电源。

紧急制动操作：急停按钮位置与使用方法；突发异常振动时的处理步骤（图 4.2-1）。

4.2-1 车床主轴启停操作

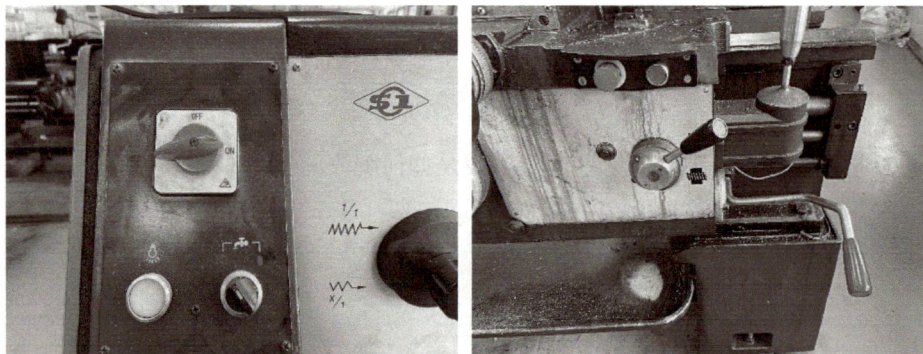

图 4.2-1 机床电源开关（左）与主轴启停手柄（右）

启动车床时，正确安全的操作步骤顺序			
	序号	内容	关键点（功能键的作用）
启动车床	1		OFF： ON：
	2		急停按钮： 电机启动按钮： 操纵杆：
关闭车床时，正确安全的操作步骤顺序			
关闭车床	1		操纵杆： 急停按钮：
	2		OFF： ON：

续表

调整主轴转速			
	序号	内容	关键点（功能键的作用）
调整主轴转速	1		内侧手柄： 外侧手柄：
	2		手柄无法转动时：

三、随堂测试

1. 排序题：将车床启动步骤按正确顺序排列。（如：A. 夹紧工件；B. 打开总电源）

_____

_____

2. 判断题：加工过程中可直接用手清除切屑。（ √ / × ）

四、任务评价

序号	评价内容	评价方法	评价标准	配分	自评	互评	师评	得分
1	独立启动车床	实操演示	步骤准确连贯	20				
2	独立关闭车床	实操演示	步骤准确连贯	20				
3	独立调整主轴转速	实操演示	步骤准确连贯	20				
4	做笔记	交作业	认真做好笔记，字迹工整	20				
5	课堂表现	课堂提问	积极回答老师的问题	20				
总计				100				

五、课后反思

1.通过本次任务的学习，我的收获有哪些？

_____

_____

2.学习过程中，遇到了哪些问题，我是如何解决的？

_____

_____

六、实训老师点评

实训老师评价等级			
等级评定	A：优　□	B：良　□	C：中　□	D：待改进　□

老师签名：　　　　　　　　　　　　　　　　　　　　　　年　月　日

备注：满分100分。85分以上为"优"，75~84分为"良"，60~74分为"中"，60分以下为"待改进"

任务 4.3 正确操纵溜板箱

一、学习目标

1.准确说出溜板箱的结构和各部分的作用。

2.独立操纵溜板箱手轮，控制刀具前、后、左、右移动。

3.分小组完成刻线练习。

4.培养学生认真严谨的工作习惯。

二、任务知识储备

1.学习老师操作溜板箱的视频。观察每个部位如何动作。

2.溜板箱的结构

溜板箱结构如图 4.3-1 所示。

4.3-1 正确
操作溜板箱

图 4.3-1 溜板箱结构图

控制溜板箱，移动车刀			
	序号	内容	关键点
转动溜板箱手轮	1	控制刀具沿着长度方向移动 15mm	
	2	控制刀具沿着直径方向减小 1mm	
	3	控制刀具沿着长度方向移动 0.5mm	
刻线练习 要求：操作大溜板、小溜板和中溜板完成在距离工件端面 15mm 处，用外圆车刀刻一条深度 0.5mm 的线			
通过溜板，控制刀尖移动轨迹	1	启动车床主轴，$n=220r/min$。摇动大溜板和中溜板，让外圆车刀刀尖靠近工件，使得刀尖停在工件端面方向	距离工件端面 5~10mm
	2	控制大溜板刻度值取整数，小溜板控制刀架靠近工件端面（记下此时大溜板的刻度值）	大小溜板配合使用，使得大溜板刻度值取整数，方便记忆
	3	中溜板退出工件	不要切在工件上
	4	大溜板控制刀架向主轴方向移动 15mm	注意大溜板刻度的变化
	5	中溜板控制刀架向工件移动，靠近工件后，记住刻度。继续前进 5 小格，0.5mm	找到外圆基准，在此基础上进刀

三、随堂练习

1. 溜板箱的作用是＿＿＿＿＿＿＿＿＿＿＿＿＿＿＿＿＿＿＿＿＿＿＿＿＿。

2. 溜板箱的主体结构由＿＿＿＿＿、＿＿＿＿、＿＿＿＿、刀架、＿＿＿＿、＿＿＿＿组成。

3. 溜板箱上，大溜板控制刀架沿着＿＿＿＿移动，每一小格＿＿＿＿；中溜板控制刀架沿着＿＿＿＿移动，每一小格＿＿＿＿，直径减小＿＿＿＿；小溜板控制刀架沿着＿＿＿＿移动，每一小格＿＿＿＿。

四、任务评价

序号	评价内容	评价方法	评价标准	配分	自评	互评	师评	得分
1	连贯操作大、中、小溜板从而控制刀具沿着特定的方向移动	实操演示	步骤准确连贯	20				
2	独立完成刻线练习	实操演示	步骤准确连贯	40				
3	做笔记	交作业	认真做好笔记，字迹工整	20				
4	课堂表现	课堂提问	积极回答老师的问题	20				
总计				100				

五、课后反思

1.通过本次任务的学习，我的收获有哪些？

_____

_____

2.学习过程中，遇到了哪些问题，我是如何解决的？

_____

_____

六、实训老师点评

实训老师评价等级				
等级评定	A：优 □	B：良 □	C：中 □	D：待改进 □
老师签名：				年　月　日
备注：满分 100 分。85 分以上为"优"，75~84 分为"良"，60~74 分为"中"，60 分以下为"待改进"				

任务4.4　调整车刀中心高

一、学习目标

1.准确说出何为车刀中心高，中心高过高和过低对加工有何影响。
2.独立调整外圆车刀和切断刀的中心高。
3.培养学生吃苦耐劳的职业精神。

二、任务知识储备

1.学习老师调整车刀中心高的视频。观察每个部位如何操纵。
2.刀具中心高的调整。
刀具中心高的调整如图 4.4–1 所示。

4.4-1　车刀
中心高调整

图 4.4-1 刀具中心高的调整示意图

车刀中心高调整步骤				
	序号	图示	内容	关键点
活动顶尖的装拆	1		安装活动顶尖时，注意将顶尖锥柄处和尾座锥孔用棉纱布擦拭干净	锥柄和锥孔处不能有铁屑

续表

车刀中心高调整步骤				
	序号	图示	内容	关键点
活动顶尖的装拆	2	 	摇尾座手轮，使尾座套筒伸出 5~10mm，将活动顶尖锥柄安装入锥孔，继续摇动尾座手轮，使得尾座套筒伸出 100~150mm	尾座套筒不能伸出过长，否则会卡住，无法退回
	3		拆顶尖时，注意反向摇动手轮，活动顶尖会随着尾座回收，最终自动脱落（注意：活动顶尖较重，防止压住手）	尾座套筒回收至顶尖脱落即可，不要继续回收，否则套筒会卡住，无法伸出
刀具中心高调整	4		将刀具锁紧在刀架上，摇动溜板箱手柄，刀具刀尖靠近活动顶尖尖端	不要操之过急，刀尖不能和顶尖尖端碰撞，留有 1mm 左右间隙。必要时，可以将刀架旋转 45°，便于看清两尖的状态
	5		目测两尖高度是否对齐	刀尖和顶尖尖部对齐等高

续表

车刀中心高调整步骤				
	序号	图示	内容	关键点
刀具中心高调整	5	 	找到合适的垫片，调整刀尖的高度，锁紧刀具	转动刀架时，一定要将螺钉锁紧，防止刀具掉落
	6		摇动溜板手轮，将刀架移动到安全的位置，更换刀位，安装另外一把车刀，重新调整该车刀的中心高	

中心高调整练习

要求：分小组，完成外圆车刀和切断刀的中心高调整

三、随堂练习

1. 刀具中心高是指_____。

2. 刀具的中心高安装过高会导致_____，中心高安装过低会导致

_____。

3. 调整刀具中心高，常用_____的方法。

四、任务评价

序号	评价内容	评价方法	评价标准	配分	自评	互评	师评	得分
1	正确安装、拆卸活动顶尖	实操演示	步骤准确连贯	20				
2	摇动溜板箱，控制刀尖靠近工件	实操演示	步骤准确连贯	20				
3	选择合适的垫片，调整车刀中心高度	实操演示	步骤准确连贯	20				
4	做笔记	交作业	认真做好笔记，字迹工整	20				
5	课堂表现	课堂提问	积极回答老师的问题	20				
总计				100				

五、课后反思

1. 通过本次任务的学习，我的收获有哪些？

_____

_____

2. 学习过程中，遇到了哪些问题，我是如何解决的？

_____

_____

六、实训老师点评

实训老师评价等级			
等级评定	A：优 □	B：良 □	C：中 □	D：待改进 □
老师签名：			年　月　日
备注：满分100分。85分以上为"优"，75~84分为"良"，60~74分为"中"，60分以下为"待改进"			

任务 4.5　手动走刀和自动走刀

一、学习目标

1. 准确说出手动走刀和自动走刀的应用场景。
2. 在车床上独自调整自动走刀的进给速度。
3. 培养学生独立查阅加工手册表格的能力，以及标准意识。

二、任务知识储备

1. 学习老师分别用手动走刀和自动走刀加工零件的端面和外圆视频，认真观察每个动作的操作方法。
2. 自动走刀的实操场景。

自动走刀的实操场景如图 4.5-1 所示。

4.5-1　手动走刀和自动走刀

图 4.5-1　自动走刀的实操场景示意图

自动走刀步骤				
	序号	图示	内容	关键点
调整变速箱	1	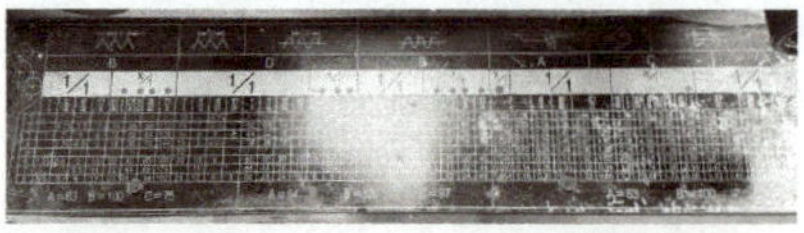	根据查询加工手册，调整自动走刀 f 值	学会查阅手册和识读机床上的参数表格
	2		调整进给箱手柄，对应到相应的档位	不要使用蛮力去转动手柄，如果发现卡住，可以手动旋转一下主轴
启动停止自动走刀手柄	3		例如：加工工件外圆柱面时，先启动机床主轴，刀尖对刀后，控制中溜板，沿着径向进刀 1mm。控制自动走刀手柄，向左侧推动，控制刀具向主轴方向自动走刀	注意控制手柄的方向，总共有前、后、左、右 4 个方向，当手柄处于中间位置时，自动走刀关闭
	4	—	当刀具加工至指定长度后，将自动走刀手柄归位至中间，停止自动走刀	距离终点还有 2mm 左右就停下来，采用手动走刀加工至指定长度，避免过切
课堂训练（一）车削毛坯端面 要求：分小组，每组 4 名同学，分别采用手动走刀和自动走刀的方式加工毛坯端面，每次长度方向减少 1mm				
	1	 	手动控制溜板，使刀尖轻触工件端面	主轴要求正转

续表

	序号	图示	内容	关键点
	2	 	沿着径向退刀	只需要中溜板移动
	3	 	大溜板向卡盘方向移动1mm	关注大溜板刻度移动1小格
	4		手动或者自动控制中溜板切削零件端面	手动切削时，双手操作中溜板，均匀交替用力，保证加工过程连续。自动走刀时，刀尖加工至工件轴心部位即可

序号	图示	内容	关键点
4		手动或者自动控制中溜板切削零件端面	手动切削时，双手操作中溜板，均匀交替用力，保证加工过程连续。自动走刀时，刀尖加工至工件轴心部位即可

课堂训练（二）车削毛坯外圆

要求：分小组，每组 4 名同学，分别采用手动走刀和自动走刀的方式加工毛坯的外圆，每次直接减小 2mm，长度 30mm

序号	图示	内容	关键点
1	 	手动控制溜板，使刀尖轻触工件外圆	主轴要求正转
2		沿着轴向退刀	只需要中溜板移动
3		中溜板向轴线方向移动 1mm	关注中溜板刻度，移动 20 小格

续表

序号	图示	内容	关键点
3		中溜板向轴线方向移动1mm	关注中溜板刻度，移动20小格
4		手动或者自动控制大溜板切削零件外圆，长度30mm	手动切削时，双手操作大溜板，均匀交替用力，保证加工过程连续。自动走刀时，刀尖加工至工件长度30mm处即可

三、随堂练习

1. 手动走刀有_____的优点。自动走刀有_____
_____的优点。

2. 一般情况下，粗加工进给量 $f=$_____，精加工进给量 $f=$_____。

3. 自动走刀的工作原理是：_____。

四、任务评价

序号	评价内容	评价方法	评价标准	配分	自评	互评	师评	得分
1	根据要求调整变速箱手柄	实操演示	步骤准确连贯	20				
2	控制自动走刀手柄，做前后左右移动	实操演示	步骤准确连贯	10				
3	手动、自动切削工件端面	实操演示	步骤准确连贯	25				
4	手动、自动切削工件外圆	交作业	认真做好笔记，字迹工整	25				
5	课堂表现	课堂提问	积极回答老师的问题	20				
总计				100				

五、课后反思

1.通过本次任务的学习，我的收获有哪些？

_____

_____

2.学习过程中，遇到了哪些问题，我是如何解决的？

_____

_____

六、实训老师点评

实训老师评价等级			
等级评定	A：优 □	B：良 □	C：中 □	D：待改进 □
老师签名：			年 月 日
备注：满分100分。85分以上为"优"，75~84分为"良"，60~74分为"中"，60分以下为"待改进"			

任务4.6 正确使用钢直尺和游标卡尺

一、学习目标

1.掌握游标卡尺结构及测量原理。

2.能独立完成游标卡尺的零位校准、外径/内径测量及读数。

3.养成"测量前清洁量具"的职业习惯，避免杂质影响精度。

二、任务知识储备

1.钢直尺和游标卡尺的结构（图4.6-1）

钢直尺

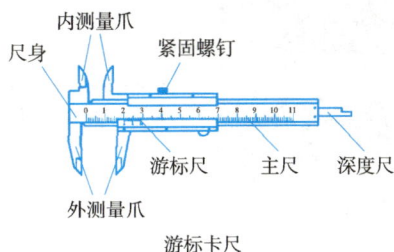

游标卡尺

图 4.6-1 钢直尺和游标卡尺的结构

（1）游标卡尺

结构与功能：主尺（固定量爪）、副尺（活动量爪）、深度尺。可测量外径、内径、深度、台阶长度等。

（2）操作步骤

清洁量爪与工件表面→轻推副尺使量爪接触工件→锁紧螺钉后读数。

（3）读数技巧

主尺整数部分＋副尺对齐刻线 × 精度值（如副尺第5格对齐，则读0.10mm）。

2. 钢直尺和游标卡尺的应用场景

外圆、内孔、长度、深度。

游标卡尺的使用方法			
序号	图示	内容	关键点
1		将内测量爪内侧和外测量爪外侧擦拭干净	测量爪测量面无油污

4.6-1 正确使用钢直尺和游标卡尺

续表

序号	图示	内容	关键点
2		轻推游标卡尺，让测量爪合拢，检查游标卡尺	观察零线是否对齐，内外测量爪有无间隙
3	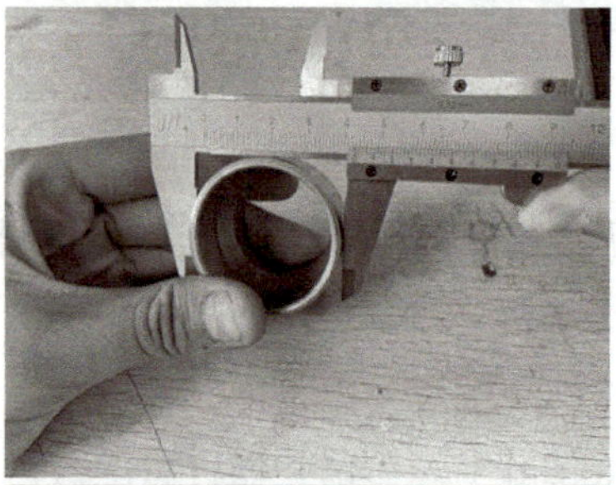 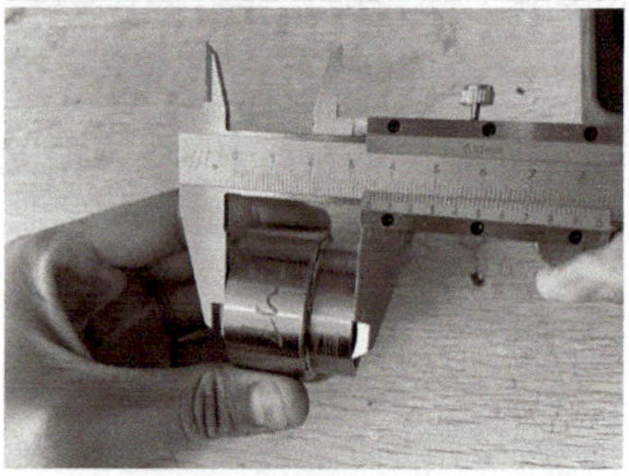	测量长度和外圆，移动游标卡尺打开外测量爪，将被测部位卡入外测量爪内	合紧力适度，测量时，尺身与轴心垂直；读尺时，眼睛与刻度水平
4	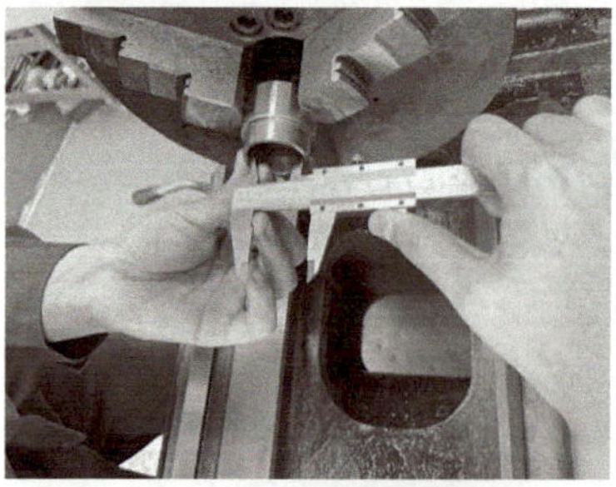	测量内孔，移动游标卡尺打开内测量爪，将被测部位卡入内测量爪内。可以在工件上直接读尺，也可以锁紧紧固螺钉，取下后再读尺	打开力适度，测量时，找准内孔直径部位测量；读尺时，眼睛与刻度水平
5		移动游标卡尺，用深度尺测量被测部位的深度	深度尺和被测部位平行

续表

游标卡尺的读尺原理			
序号	图示	内容	关键点
1	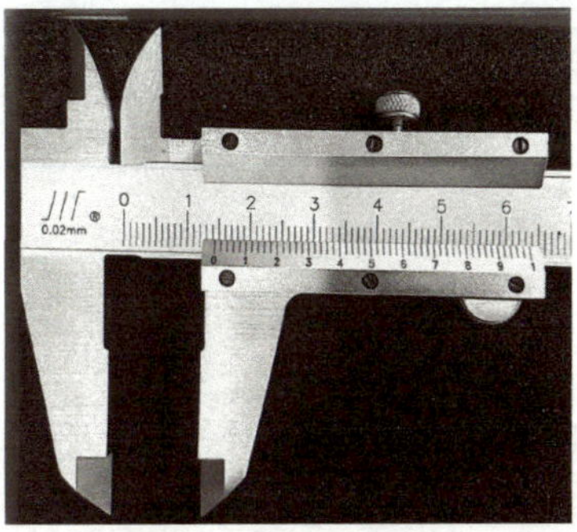	读主尺,观察游标上的零刻度线,处于主尺哪一刻度之后,读出主刻度值	
2	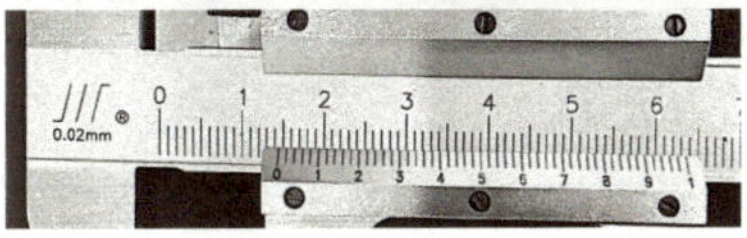	读游标卡尺,观察游标上的刻度线,找到一条线与主刻度线对齐。数出刻度格数 × 分度值	仔细观察,找到对齐的刻度线
3	计算	总刻度值 = 主尺刻度值 + 游标刻度值	
课堂训练:游标卡尺测量实物模型的直径、长度、内孔直径和深度 要求:分小组,每组 4 名同学,分别采用游标卡尺测量,记录测量的数据			
1	检查工件时测量	测量老师提供的实物模型,将测量数据记录在测量表上	
2	在机床上加工过程中测量	将模型装夹在车床上,模拟加工过程中,游标卡尺的测量方法	注意安全

三、随堂练习

1. 钢直尺一般用来测量工件的_____特征。

2. 游标卡尺的一般使用步骤:_____

3. 游标卡尺可以测量工件的_____、_____、_____、_____。

四、任务评价

序号	评价内容	评价方法	评价标准	配分	自评	互评	师评	得分
1	掌握游标卡尺的读尺原理	小组评价	准确说出原理	20				
2	钢直尺测量零件特征	实操演示	步骤准确连贯,手法符合国家标准	10				
3	游标卡尺测量工件特征	实操演示	步骤准确连贯,手法符合国家标准	20				

续表

序号	评价内容	评价方法	评价标准	配分	自评	互评	师评	得分
4	准确读出游标卡尺尺寸	实操演示	准确	30				
5	课堂表现	课堂提问	积极回答老师的问题	20				
	总计			100				

五、课后反思

1. 通过本次任务的学习，我的收获有哪些?

_____

_____

2. 学习过程中，遇到了哪些问题，我是如何解决的?

_____

_____

六、实训老师点评

实训老师评价等级			
等级评定	A：优 □	B：良 □	C：中 □	D：待改进 □
老师签名：			年　月　日
备注：满分 100 分。85 分以上为"优"，75~84 分为"良"，60~74 分为"中"，60 分以下为"待改进"			

任务4.7　千分尺的使用

一、学习目标

1. 理解千分尺的读数原理。
2. 规范使用千分尺测量工件的直径尺寸。
3. 培养学生认真严谨的读尺习惯。

二、任务知识储备

1. 千分尺的结构（图 4.7-1）

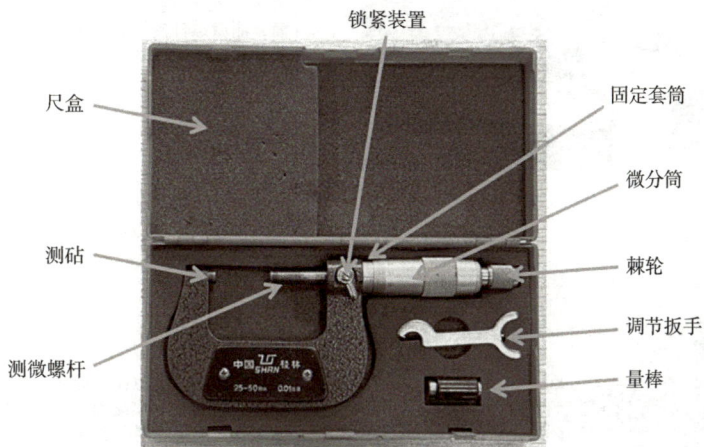

图 4.7-1　千分尺的结构

2. 千分尺的读尺原理

读数时，以微分筒的端面为准线：先读固定刻度；再读半刻度，若半刻度线已露出，记作 0.5mm，若半刻度线未露出，记作 0.0mm；再读可动刻度（注意加上估读），记作 $n \times 0.01$mm；最终读数结果为固定刻度 + 半刻度 + 可动刻度 + 估读。

3. 千分尺的应用

（1）结构与功能：测砧、测微螺杆、固定套筒、微分筒、棘轮装置等。适用于高精度外径测量（如公差 ±0.01mm 的轴类零件）。

（2）校准与测量：清洁测砧→旋转微分筒至测砧接触→校准零位→使用棘轮装置施加恒力测量。

（3）读数方法：固定套筒基准线读数（如 5.5mm）+ 微分筒对齐线 × 0.01mm（如第 28 格，则读 0.28mm）→总尺寸 5.78mm。

4.7-1　正确使用千分尺

千分尺的使用方法			
序号	图示	内容	关键点
1	—	将测砧和测微螺杆端面擦拭干净，使用量棒，检查千分尺精度	检查过程中 ±0.01mm 以内属于正常

序号	图示	内容	关键点
2	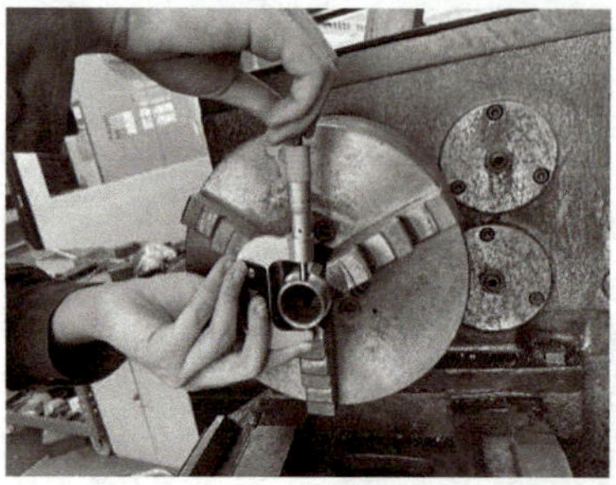	测量工件直径,将被测部位卡入千分尺内。转动微分筒,测微螺杆慢慢靠近工件被测部位,旋转棘轮,测量工件	棘轮响三下即可,不允许强行转动微分筒
	千分尺的读尺步骤		
1	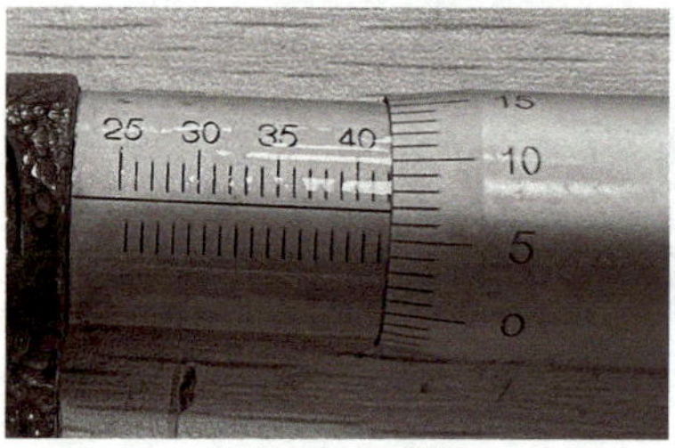 超过了 42mm 刻度	先读固定刻度,以微分筒的端面为准线。观察端面处于固定套筒上哪一刻度之后	仔细认真
2	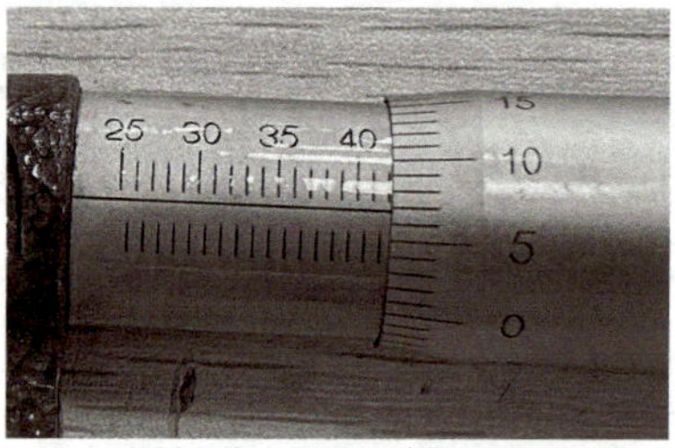 半刻度线未露出,计做 0.0mm	再读半刻度,若半刻度线已露出,记作 0.5mm;若半刻度线未露出,记作 0.0mm	如果处于似露非露的状态,可以借助微分筒的刻度或者游标卡尺来确定
	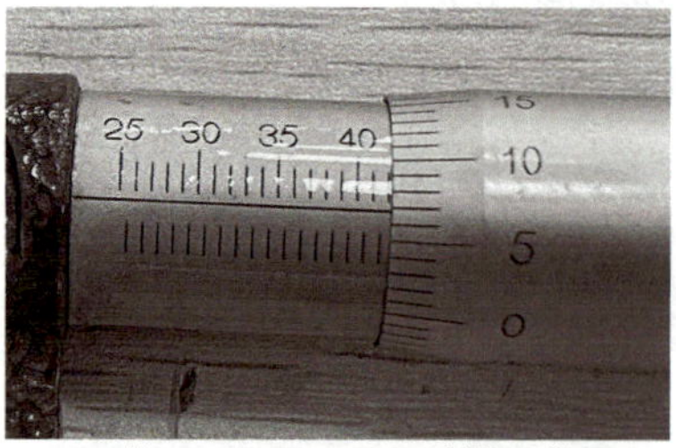 7 格 ×0.01=0.07mm,不是 13 格	再读微分筒上的可动刻度(注意估读)。记作 $n \times 0.01$mm	注意不要读反了
3	计算	最终读数 = 固定刻度 + 半刻度 + 可动刻度 + 估读	
	课堂训练:千分尺测量实物模型的直径尺寸 要求:分小组,每组 4 名同学,分别采用千分尺测量,记录测量的数据		

续表

序号	图示	内容	关键点
1	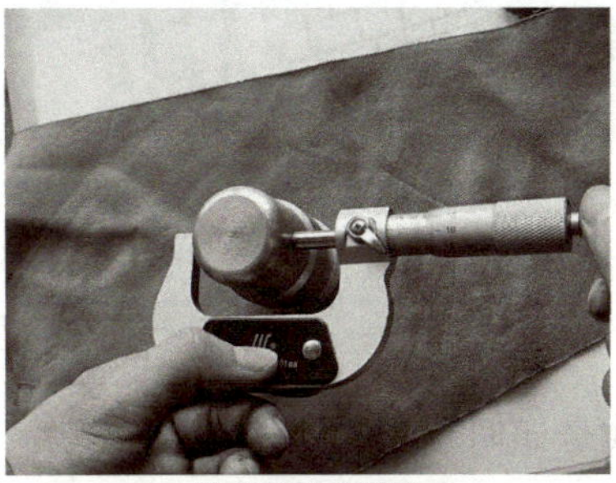 检查工件时测量	测量老师提供的实物模型，将测量数据记录在测量表上	
2	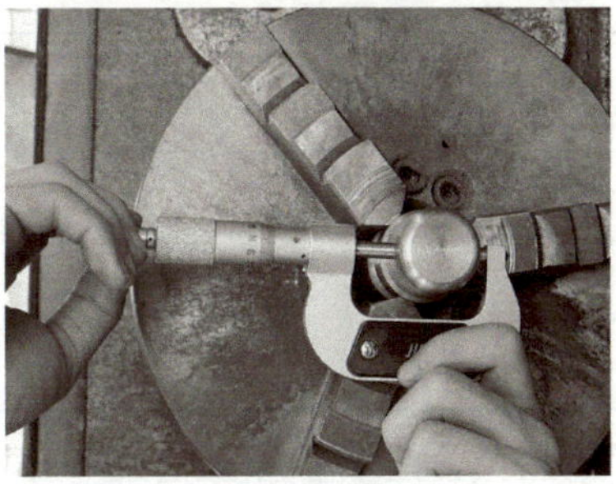 加工时测量	将模型装夹在车床上，模拟加工过程中，千分尺的测量方法	注意安全

三、随堂练习

1. 千分尺一般用来测量工件的＿＿＿＿＿＿特征。

2. 千分尺的一般使用步骤：＿＿＿＿＿＿＿＿＿＿＿＿＿＿＿

3. 千分尺是高精度测量量具，它的最高精度可以测量至＿＿＿＿＿＿。

四、任务评价

序号	评价内容	评价方法	评价标准	配分	自评	互评	师评	得分
1	掌握千分尺的读尺原理	小组评价	准确说出原理	20				
2	千分尺测量工件特征	实操演示	步骤准确连贯，手法符合国家标准	20				
3	准确读出千分尺尺寸	实操演示	准确	40				
4	课堂表现	课堂提问	积极回答老师的问题	20				
	总计			100				

五、课后反思

1.通过本次任务的学习，我的收获有哪些？

_____

_____

2.学习过程中，遇到了哪些问题，我是如何解决的？

_____

_____

六、实训老师点评

实训老师评价等级			
等级评定	A：优 □	B：良 □	C：中 □	D：待改进 □
老师签名：			年　月　日
备注：满分100分。85分以上为"优"，75~84分为"良"，60~74分为"中"，60分以下为"待改进"			

项目 5

产品特征控制

任务 5.1 机械加工工艺卡片

一、学习目标

1. 认识加工工艺卡片的相关要求和制定标准。

2. 独自以工序为单位详细制定整个工艺过程。

3. 培养学生的标准意识。

二、任务知识储备

要求：根据图 5.1-1 产品图纸，独立编写合格的加工工艺卡片。

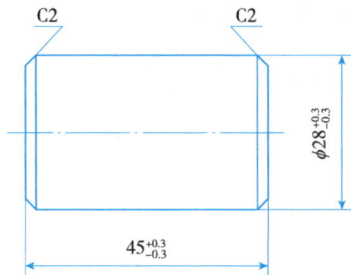

图 5.1-1 产品图纸（光轴图纸）

机械加工工艺卡片		姓名：		班级：	
		零件名称			
机床型号：	机床编号：	材料：		毛坯尺寸：	
刀具表		量具表		工具表	
1		1		1	
2		2		2	
3		3		3	

续表

工步号	工步内容	切削用量		
		主轴转速 / （r/min）	进给量 / （mm/r）	背吃刀量 / mm
1				
2				
3				
4				

三、随堂练习

1. 工艺卡片包含_____、_____、_____、_____等主要内容。

2. 工艺卡片的作用是_____。

3. 普通车削加工三要素：_____、_____、_____。

四、任务评价

序号	评价内容	评价方法	评价标准	配分	自评	互评	师评	得分
1	独立编写加工工艺	交作业	课堂要求	50				
2	切削三要素的选择计算	交作业	课堂要求	10				
3	做笔记	交作业	认真做好笔记，字迹工整	30				
4	课堂表现	课堂提问	积极回答老师的问题	10				
总计				100				

五、课后反思

1. 通过本次任务的学习，我的收获有哪些？

2. 学习过程中，遇到了哪些问题，我是如何解决的？

六、实训老师点评

实训老师评价等级			
等级评定	A：优 □	B：良 □	C：中 □	D：待改进 □
老师签名：			年　月　日
备注：满分 100 分。85 分以上为"优"，75~84 分为"良"，60~74 分为"中"，60 分以下为"待改进"			

任务 5.2　直径和长度精度控制

一、学习目标

1. 掌握控制产品的直径和长度精度的方法。

2. 能独自在车床上加工合格产品。

3. 培养学生细致严谨的安全意识和质量意识。

二、任务知识储备

（一）外圆尺寸控制方法

1. 刀具位置调整：通过调整刀具的径向和轴向位置控制切削深度与宽度，需确保刀具与工件轴线严格垂直，避免因刀具偏移导致外圆尺寸误差。

2. 切削参数优化：合理选择切削速度、进给量和切削深度。硬质材料需降低转速和切削深度，软材料可适当提高效率。

粗加工时留 0.2~0.5mm 余量，精加工时通过微量进给实现高精度。

（二）长度尺寸控制方法

1. 定程法与挡块控制：利用车床尾座刻度盘或横向进给刻度盘控制轴向进给量，结合挡块限位实现批量加工的长度一致性。

精加工时通过小拖板微调修正长度误差。

2. 端面基准定位：先加工端面作为长度基准，后续工序以该面为参考点，通过刀架纵向进给控制长度。使用卡盘夹持工件时需确保端面贴合牢固，避免装夹倾斜导致长度累积误差。

3.测量与补偿：加工过程中使用游标卡尺或千分尺实时测量长度，根据误差调整刀具位置。

对细长工件需考虑切削力引起的弹性变形，通过减小切削深度或分次走刀补偿变形量。

（三）通用注意事项

1.装夹稳定性：避免工件因夹持不牢产生位移，尤其对薄壁件需采用专用夹具或增加辅助支撑。

2.热变形控制：加工过程中充分冷却，减少切削热引起的尺寸变化。

3.公差匹配：根据图纸要求选择合理公差等级（如 IT7~IT9），确保尺寸精度与配合需求。

通过以上方法结合操作经验，可有效控制普通车床加工回转体工件的外圆和长度尺寸精度。

5.2-1　光轴
加工

产品加工练习

要求：根据下面产品图纸，结合上节课的产品加工工艺卡片，完成产品加工，注意控制直径尺寸和长度尺寸。学生分小组，每组 5 人，在小组长的带领下完成加工，本次的产品毛坯为尼龙棒

C2　　C2

$\phi 28^{+0.3}_{-0.3}$

$45^{+0.3}_{-0.3}$

产品图纸（光轴图纸）

	序号	内容	关键点
加工前的准备	1	$\phi 30$ 80 100 装夹毛坯，伸出 80mm	卡盘扳手随手摘

续表

	序号	内容	关键点
加工前的准备	2	装夹刀具	三把刀
加工过程	3	外圆车刀平端面	
	4	刻线（参考项目4任务4.3）	
	5	外圆车刀加工外圆 $\phi28$ L50（保留切断余量） 如何用游标卡尺控制 $\phi28$： （1）先将毛坯的外圆试切一刀，测量尺寸。 （2）根据实测尺寸与28相比较。假如实测尺寸为29，中溜板需要在现有加工面上继续进刀10小格	游标卡尺检查直径尺寸
	6	倒角刀，倒角 C2（刀刃碰到后，中溜板进2mm）	C2

续表

加工过程	序号	内容	关键点
	7	切断刀，控制长度尺寸。中溜板沿着 X 方向进刀，切断刀切断工件，保证 45 总长 注意：用切断刀的左刀尖碰工件端面，完成 Z 方向对刀。X 方向退出工件，大溜板控制刀具沿着导轨向卡盘方向移动，距离为：45+ 切槽刀的刀宽	游标卡尺检查
	8	调头装夹，倒角	C2

填写工件质量检验记录

	零件名称			光轴		
序号	检验项目	评分标准	配分	学员实测值	教师实测值	得分
1	外圆直径尺寸	$\phi28 \pm 0.3$	20			
2	长度尺寸	45 ± 0.3	20			
3	倒角 2 处	C2	20			
4	安全文明生产	安全操作规范	40			
教师签名：				总分：		

三、随堂练习

1. 为保证产品的加工质量，加工过程中一般会用到的检测量具有_____、

_____。

2. 对于精度要求较高的产品，在加工时一般有三个环节，依次分别是_____、

_____、_____。

四、任务评价

序号	评价内容	评价方法	评价标准	配分	自评	互评	师评	得分
1	操作过程正确	现场评价	毛坯装夹，刀具安装，溜板操作	60				
2	加工工件	提交作品	根据图纸要求	20				
3	做笔记	交作业	认真做好笔记，字迹工整	10				
4	安全素养	现场评价	安全文明生产	10				
总计				100				

五、课后反思

1. 通过本次任务的学习，我的收获有哪些?

_____

_____

2. 学习过程中，遇到了哪些问题，我是如何解决的?

_____

_____

六、实训老师点评

实训老师评价等级			
等级评定	A：优 □	B：良 □	C：中 □	D：待改进 □
老师签名：			年 月 日
备注：满分100分。85分以上为"优"，75~84分为"良"，60~74分为"中"，60分以下为"待改进"			

任务5.3 台阶轴零件加工

一、学习目标

1. 分析台阶轴的加工工艺，填写工艺卡片。
2. 能独自在车床上加工合格的台阶轴。
3. 培养学生细致严谨的安全意识和质量意识。

二、任务知识储备

（一）材料准备与预处理

材料选择：选用符合图纸要求的棒料（如45钢），根据台阶轴总长切割成合适尺寸，确保端面平整且无毛刺。若需调质处理，应在粗加工前进行正火或调质（硬度220~250HBW），以改善切削性能。

基准端面加工：先车削一端端面作为基准面，为后续加工提供定位基准。

（二）装夹与定位

1. 短轴装夹：使用三爪卡盘夹持短轴，通过盘车校正工件同轴度，夹持长度不超过工件总长的1/3。

2. 长轴装夹：采用"一夹一顶"方式，卡盘夹持一端，尾座顶尖顶紧另一端中心孔，长轴需配合中心架提升稳定性。

批量加工时可用挡块限位，控制各台阶长度一致性。

（三）粗加工阶段

1. 外圆粗车：使用90°外圆车刀，主轴转速300~500r/min，切削深度2~5mm，进给量0.3~0.5mm/r，各台阶外圆留0.5~1mm余量。优先加工最大直径台阶，逐步向小直径过渡，避免刚性不足导致的振动。

2. 退刀槽与倒角：粗车完成后，用切槽刀加工各台阶根部退刀槽（宽度2~3mm），并车削过渡倒角（C1~C2），减少应力集中。

（四）半精加工与精加工

半精车外圆。调整切削参数：转速 600~800r/min，切削深度 0.5~1mm，进给量 0.1~0.3mm/r，将余量减少至 0.2~0.3mm。

（五）精车外圆与端面

换用锋利硬质合金刀具（YT15），微量进给（切削深度 0.05~0.2mm），通过小拖板微调（1° 的角度对应轴向移动约 0.017mm）控制尺寸精度至 IT7~IT9 级。表面粗糙度需达到 R_a1.6~3.2μm，精车后台阶轴同轴度误差 ≤ 0.005mm。

（六）切断与收尾

切断操作：使用切断刀（宽度 ≤ 3mm）按图纸长度切断工件，切断时降低转速至 200~300r/min，避免因振动损伤已加工表面。

（七）清理与检验

去除毛刺并清洗油污，使用游标卡尺、千分尺检测各台阶直径和长度，用百分表校验同轴度及垂直度。

（八）关键注意事项

1. 刀具维护：精车前需修磨刀具，控制刀尖圆弧半径（0.2~0.4mm）以减少让刀误差。
2. 热变形控制：精加工阶段需充分浇注切削液，降低切削热引起的尺寸变化。
3. 批量加工：首件加工合格后，可通过定程法或数控程序实现批量生产一致性。

5.3-1 台阶轴加工

台阶轴加工练习

要求：根据下面产品图纸，填写加工工艺卡片，完成产品加工。注意控制直径尺寸和长度尺寸。学生分小组，每组 5 人，在小组长的带领下完成加工，本次的产品毛坯为尼龙棒

续表

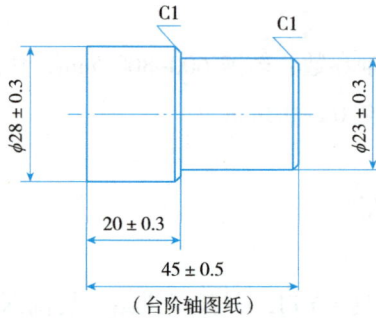

（台阶轴图纸）

	序号	内容	关键点
加工前的准备	1	根据加工要求，填写加工工艺卡片	
	2	装夹毛坯和刀具（参考上一个任务）	卡盘扳手随手摘、调整中心高
加工过程	3	平端面	检查端面有无凸点，确保中心高准确
	4	记下 $\phi28$ 长度尺寸的大溜板刻度，控制 $\phi28$ 长度 记下 $\phi23$ 长度尺寸的大溜板刻度，控制 $\phi23$ 长度	在书上记录大溜板尺寸刻度值
	5	试切外圆，对刀，外圆刀加工 $\phi28$ 外圆直径尺寸，长度 45，参考上一步的大溜板刻度	至少分 2 次加工，采用自动走刀，注意粗、精加工的配合
	6	试切外圆，对刀，外圆刀加工 $\phi21$ 外圆直径尺寸，长度 25，参考上一步的大溜板刻度	至少分 4 次加工，每次背吃刀量单边 1mm，采用自动走刀
	7	倒角，2 处	C1
	8	切断刀，控制长度尺寸，可以采用溜板控制，也可以采用钢直尺测量长度	游标卡尺检查
	9	调头装夹，倒角	C1

填写工件质量检验记录

零件名称				台阶轴		
序号	检验项目	评分标准	配分	学员实测值	教师实测值	得分
1	外圆直径尺寸	$\phi28 \pm 0.3$	10			
2	长度尺寸	45 ± 0.5	10			
3	外圆直径尺寸	$\phi23 \pm 0.3$	10			
4	长度尺寸	20 ± 0.3	10			
5	倒角 3 处	C1	20			
6	安全文明生产	安全操作规范	40			
教师签名：				总分：		

三、随堂练习

1. 本次台阶轴加工中，用到的刀具有 _____、_____、_____。
2. 台阶轴在加工过程中一般加工顺序原则是 _____。

四、任务评价

序号	评价内容	评价方法	评价标准	配分	自评	互评	师评	得分
1	操作过程正确	现场评价	毛坯装夹，刀具安装，溜板操作	10				
2	产品	提交作品	根据图纸要求	50				
3	做笔记	交作业	认真做好笔记，字迹工整	10				
4	安全素养	现场评价	安全文明生产	30				
总计				100				

五、课后反思

1. 通过本次任务的学习，我的收获有哪些？

_____

_____

2. 学习过程中，遇到了哪些问题，我是如何解决的？

_____

_____

六、实训老师点评

实训老师评价等级			
等级评定	A：优 □	B：良 □	C：中 □	D：待改进 □
老师签名：			年　月　日
备注：满分 100 分。85 分以上为"优"，75~84 分为"良"，60~74 分为"中"，60 分以下为"待改进"			

任务 5.4 沟槽轴加工

一、学习目标

1. 分析沟槽类零件的加工工艺，填写工艺卡片。
2. 能掌握沟槽精度尺寸的控制方法。
3. 能独自在车床上加工合格的沟槽轴。
4. 培养学生细致严谨的安全意识和质量意识。

二、任务知识储备

（一）材料准备与预处理

材料切割与基准面加工：根据图纸要求切割棒料，保证端面平整无毛刺，并车削一端作为基准端面（垂直度误差 ≤ 0.02mm）。若材料需调质处理（如 45 钢），应在粗加工前完成正火或调质（硬度 220~250HBW）。

（二）装夹与定位

1. 短轴装夹：使用三爪卡盘夹持工件，夹持长度不超过总长的 1/3，通过盘车校正同轴度。
2. 长轴装夹：采用"一夹一顶"方式（卡盘夹持 + 尾座顶尖），配合中心架支撑长轴中部，减少切削振动。

（三）粗加工外圆与沟槽定位

1. 外圆粗车：使用 90° 外圆车刀，主轴转速 300~500r/min，切削深度 2~5mm，进给量 0.3~0.5mm/r，各外圆留 0.5~1mm 余量。
2. 沟槽定位标记：按图纸尺寸划线或使用游标卡尺标记沟槽轴向位置，确保退刀槽与轴肩间距误差 ≤ 0.1mm。

（四）沟槽加工

1. 窄矩形槽加工（宽度 ≤ 5mm）：选用与槽宽相等的切槽刀，主轴转速 200~400r/min，直接横向进给一次车削成型，切削时充分浇注切削液。

2. 宽矩形槽加工（宽度 >5mm）：分步切削，用窄切槽刀分次左右窜刀粗车（留 0.2mm 余量），再用精车刀修整槽底和侧面至尺寸。

3. 成形槽加工（圆弧槽/梯形槽）：刃磨成形刀具（如圆弧刀或梯形刀），低速（150~300r/min）横向进给，分 2~3 次完成切削，避免刀具崩刃。

（五）半精加工与精加工

1. 外圆半精车：调整切削参数，转速 600~800r/min，切削深度 0.5~1mm，进给量 0.1~0.3mm/r，余量留 0.2~0.3mm。

2. 沟槽精修：更换锋利硬质合金切槽刀（刀尖圆弧半径 ≤ 0.2mm），微量进给（切削深度 0.05~0.1mm），表面粗糙度达到 $R_a1.6~3.2\mu m$。

（六）检验与收尾

1. 尺寸检测：使用游标卡尺测量沟槽宽度和深度，千分尺校验外圆直径，百分表检测同轴度（误差 ≤ 0.02mm）。

2. 倒角与去毛刺：对沟槽边缘和轴端进行倒角（C0.5~C1），防止划伤并提升装配精度。

（七）关键注意事项

1. 刀具选择：硬质合金刀具适用于精加工，高速钢刀具用于粗加工；刀杆刚度需匹配槽深，避免让刀。

2. 切削液控制：精加工阶段持续浇注乳化液，降低切削热引起的变形。

3. 安全操作：切断时降低转速（200~300r/min），及时清理缠绕切屑，防止刀具断裂。

5.4-1 沟槽轴加工

沟槽轴加工练习

要求：根据下面产品图纸，填写加工工艺卡片，完成产品加工。注意控制沟槽的槽宽尺寸和槽底直径尺寸。学生分小组，每组 5 人，在小组长的带领下完成加工，本次的产品毛坯为尼龙棒

（沟槽图纸）

	序号	内容	关键点
	1	根据加工要求，填写加工工艺卡片	
	2	装夹毛坯和刀具（参考上一个任务）	卡盘扳手随手摘、调整中心高
加工前的准备	3	 检查切槽刀是否安装合格，切槽刀试切工件，看痕迹。第一种合格，第二种右刀尖过高，第三种左刀尖过高，后两种情况均需要调整刀具安装角度	
加工过程	4	 平端面，加工外圆 $\phi28$，L50	
	5	 游标卡尺深度尺测量切槽刀右刀尖距离工件端面的距离 10.5mm（保留 0.5mm 精加工余量），加工刀尖触碰工件外圆，记住刻度，中溜板进刀切削加工至 $\phi21$（保留 1mm 精加工余量）	切槽刀—第一次进刀

续表

	序号	内容	关键点
加工过程	6	沿着卡盘方向进刀，与第一次有 1mm 左右的重合（保证两次切削中间不会有残留），加工刀尖触碰工件外圆，记住刻度，中溜板进刀切削加工至 $\phi21$（保留 1mm 精加工余量），游标卡尺测量槽宽，确定第三次进刀的位置	切槽刀—第二次进刀
	7	控制槽宽 9.5mm，槽底直径 $\phi21$，为精加工做准备	切槽刀—第三次进刀
	8	切槽刀右刀尖精加工槽宽，分 2 次进行，每次切削 0.25mm，每次加工完成后，游标卡尺检测槽宽，根据检测结果确定下一步进刀量	精加工槽宽，分 2 次完成
	9	精加工槽底直径，先加工至 20.5mm，注意用大溜板控制切槽刀，将槽底精修一次。测量尺寸，再次精修一次，直至加工至要求尺寸	精加工槽底，分 2 次完成
	10	根据这种方法，完成第二个槽的加工	注意控制槽宽和槽底直径精度

填写工件质量检验记录

零件名称				沟槽轴		
序号	检验项目	评分标准	配分	学员实测值	教师实测值	得分
1	外圆直径尺寸	$\phi28 \pm 0.1$	10			
2	槽宽尺寸（2 处）	10 ± 0.2	20			
3	槽底直径尺寸（2 处）	$\phi20 \pm 0.2$	20			
4	长度尺寸	50	10			
5	倒角 4 处	C1	20			
6	安全文明生产	安全操作规范	20			
教师签名：				总分：		

三、随堂练习

1. 切槽刀如果没有安装正确会对沟槽加工有何影响？如何检测切槽刀是否安装正确？

_____

_____

2. 控制槽宽的精度采用何种方法，关键点在哪里？控制槽底的精度采用何种方法，关键点在哪里？

_____

_____

四、任务评价

序号	评价内容	评价方法	评价标准	配分	自评	互评	师评	得分
1	操作过程正确	现场评价	毛坯装夹，刀具安装，溜板操作	10				
2	产品	提交作品	根据图纸要求	60				
3	做笔记	交作业	认真做好笔记，字迹工整	20				
4	安全素养	现场评价	安全文明生产	10				
总计				100				

五、课后反思

1. 通过本次任务的学习，我的收获有哪些？

_____

_____

2. 学习过程中，遇到了哪些问题，我是如何解决的？

_____

_____

六、实训老师点评

实训老师评价等级			
等级评定	A：优 □	B：良 □	C：中 □	D：待改进 □
老师签名：			年　月　日
备注：满分 100 分。85 分以上为"优"，75~84 分为"良"，60~74 分为"中"，60 分以下为"待改进"			

任务 5.5　成型面零件加工

一、学习目标

1. 分析零件上成型面的加工工艺，填写工艺卡片。
2. 能掌握成型面的加工技巧。
3. 能独自在车床上加工 R2、R4 内圆弧和 R5 外圆弧。
4. 培养学生细致严谨的安全意识和质量意识。

二、任务知识储备

（一）材料准备与预处理

材料选择与基准加工：选用 45 钢等易切削材料，按图纸要求切割棒料并车削基准端面，确保端面垂直度误差 ≤ 0.02mm，作为后续加工定位基准。

若材料需调质处理（硬度 220~250HBW），应在粗加工前完成正火或调质。

（二）装夹与定位

1. 短件装夹：使用三爪卡盘夹持工件，夹持长度不超过总长的 1/3，通过盘车校正同轴度，避免成型面加工时因偏心导致形状误差。

2. 长件装夹：采用"一夹一顶"方式（卡盘夹持 + 尾座顶尖），配合中心架或跟刀架支撑工件中部，减少切削振动。

（三）成型面粗加工

1. 成形刀具单次切削法：对简单成型面（如圆弧面、锥面）、刃磨与成型面形状匹配的成形车刀，主轴转速 200~300r/min，横向进给一次成型，留 0.5~1mm 余量。

2. 双手控制法：复杂曲面采用双手联动操作，左手控制中拖板横向进给，右手控制小拖板纵向进给，通过目测或样板校验逐步逼近轮廓。

（四）成型面半精加工与精加工

1. 靠模法加工：批量生产时安装靠模装置，刀具跟随靠模轨迹移动，主轴转速 400~600r/min，精加工余量 0.1~0.3mm，表面粗糙度可达 $R_a3.2\mu m$。

2. 分层车削法：分 3~4 层切削成型面，每层切削深度 0.5~1mm，精修时换用锋利硬质合金刀具（YT15），切削深度 0.05~0.1mm，微量进给修正形状误差。

（五）检验与修整

1. 形状精度检测：使用样板或投影仪比对成型面轮廓，间隙 ≤ 0.05mm；曲面用半径规校验圆弧半径，误差控制在 ±0.02mm。

2. 表面处理：去除毛刺后，用砂布（80~120 目）沿曲面切线方向抛光，表面粗糙度提升至 $R_a1.6\mu m$。

（六）关键注意事项

5.5-1 成型面加工

1. 刀具选择：成形刀需严格控制前角（$\gamma_0=8°~12°$）和后角（$\alpha_0=6°~8°$），避免切削力过大导致轮廓变形。

2. 切削液控制：精加工时持续浇注乳化液，降低切削热引起的材料膨胀变形。

3. 安全操作：双手控制法需先空行程练习，避免进给失控造成刀具撞击。

成型面零件加工练习

要求：根据下面产品图纸，填写加工工艺卡片，完成产品加工。注意 R2、R4 内圆弧和 R5 外圆弧的加工方法和检测方法。学生分小组，每组 5 人，在小组长的带领下完成加工，本次的产品毛坯为尼龙棒

续表

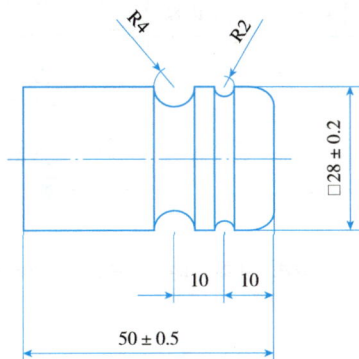

（成型面零件图纸）

	序号	内容	关键点
加工前的准备	1	根据加工要求，填写加工工艺卡片	卡盘扳手随手摘、调整中心高
	2	装夹毛坯和刀具（参考上一个任务）	
加工过程	3	平端面，加工外圆 $\phi28$，L55	
	4	（圆弧车刀左刀尖对刀） （圆弧车刀沿着纵向退刀后，向卡盘方向移动 10mm+2mm） 圆弧刀尖轻触工件外圆，记下当前刻度，中溜板沿着纵向进刀 2mm，完成 R2 内圆弧加工	圆弧车刀—加工 R2 内圆弧

续表

	序号	内容	关键点
加工过程	5	 参考 R2 内圆弧的加工方法，粗加工 R4 的内圆弧，注意纵向进刀的深度至 $\phi20$ 换 R4 的圆弧车刀，参考 R2 圆弧加工方法，完成 R4 圆弧的精加工	圆弧车刀—加工 R4 内圆弧
	6	 采用 90° 外圆车刀在工件端面和外圆处刻 5mm 标记线 采用 R2 圆弧车刀完成余量切削	R2 圆弧车刀—加工 R5 外圆弧
	7	 （R 规检查圆弧） 用圆弧样板检测圆弧的精度，修整	样板检测

填写工件质量检验记录

零件名称				成型面零件		
序号	检验项目	评分标准	配分	学员实测值	教师实测值	得分
1	外圆直径和长度尺寸	$\phi 28 \pm 0.1$ 50 ± 0.5	20			
2	R2 内圆弧	± 0.2	10			
3	R4 内圆弧	± 0.2	20			
4	R5 外圆弧	± 0.5	30			
5	倒角	锐边倒钝	5			
6	安全文明生产	安全操作规范	15			
教师签名：				总分：		

三、随堂练习

1. 成型面加工刀具和切槽刀有何不同？

_____

_____

2. 在 R3 外圆弧成型面加工时，双手操作大中溜板进给速度是否保持一致？一般加工合格圆弧面，技巧如何？

_____

_____

四、任务评价

序号	评价内容	评价方法	评价标准	配分	自评	互评	师评	得分
1	操作过程正确	现场评价	毛坯装夹，刀具安装，溜板操作	10				
2	产品	提交作品	根据图纸要求	60				
3	做笔记	交作业	认真做好笔记，字迹工整	20				
4	安全素养	现场评价	安全文明生产	10				
总计				100				

五、课后反思

1.通过本次任务的学习，我的收获有哪些？

_____

_____

2.学习过程中，遇到了哪些问题，我是如何解决的？

_____

_____

六、实训老师点评

实训老师评价等级				
等级评定	A：优 □	B：良 □	C：中 □	D：待改进 □
老师签名：				年　月　日
备注：满分 100 分。85 分以上为"优"，75~84 分为"良"，60~74 分为"中"，60 分以下为"待改进"				

任务 5.6　内孔加工

一、学习目标

1.掌握内孔的常见加工方法。
2.能独立用普通车床加工内孔套。
3.培养学生细致严谨的安全意识和质量意识。

二、任务知识储备

（一）钻孔与扩孔

1.定心钻孔：使用中心钻预钻锥坑定位，避免后续钻孔偏斜；粗钻时选用直径较小的钻头（如 17mm），转速 200~300r/min，浇注切削液冷却。

2. 分步扩孔：依次换用 25mm、35mm 钻头逐级扩孔，留 0.5~1mm 余量；扩孔转速降低至 150~250r/min，进给量 0.1~0.3mm/r。

（二）半精加工扩孔

使用扩孔钻（直径比目标孔径小 0.5~1mm），主轴转速 400~600r/min，进给量 0.1~0.2mm/r，表面粗糙度达 R_a12.5~6.3μm。

（三）镗孔精加工

1. 粗镗与半精镗

（1）粗镗：硬质合金镗刀（主偏角 75°~90°），切削深度 1~3mm，转速 300~500r/min，去除大部分余量。

（2）半精镗：留 0.2~0.3mm 余量，调整转速至 600~800r/min，切削深度 0.5~1mm，表面粗糙度达 R_a3.2μm。

2. 精镗或铰孔

（1）精镗：换用锋利硬质合金刀具（刀尖圆弧半径 ≤ 0.2mm），微量进给（0.05~0.1mm/ 次），表面粗糙度 R_a1.6μm。

（2）铰孔（高精度需求）：铰刀余量 0.1~0.3mm，低速（50~100r/min）进给，精度达 IT7 级，表面粗糙度 R_a0.8μm。

（四）检测与收尾

1. 尺寸与形状检测：使用游标卡尺测量孔径，内径千分表校验圆度（误差 ≤ 0.02mm），塞规检测配合精度。

2. 去毛刺与表面处理：用倒角刀对孔口倒角（C0.5~C1），砂布抛光内壁（沿轴向打磨），去除毛刺并提升表面质量。

3. 刀具选择：优先选用带内冷功能的镗刀，确保排屑顺畅；刀杆直径不大于孔径的 0.7 倍以减少振动。

4. 切削参数：精加工时降低转速并增加进给次数，避免积屑瘤影响表面质量。

5.6-1 套类
零件加工

套类零件加工练习

要求：根据下面产品图纸，填写加工工艺卡片，完成产品加工。学生分小组，每组 5 人，在小组长的带领下完成加工，本次的产品毛坯为尼龙棒

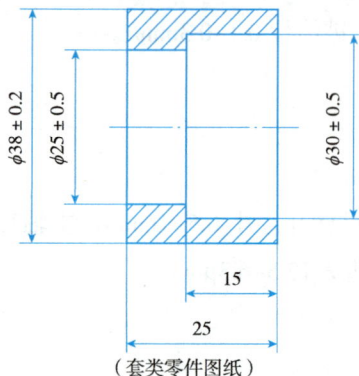

（套类零件图纸）

	序号	内容	关键点
加工前的准备	1	根据加工要求，填写加工工艺卡片	
	2	装夹毛坯和刀具（参考上一个任务）	卡盘扳手随手摘、调整中心高
加工过程	3	平端面，加工外圆 φ38，L35	控制 φ38 的外圆尺寸
	4	（提高主轴转速 n=600r/min，采用中心钻打中心孔） （选择 φ22 的钻头，钻出底孔，游标卡尺测量有效深度22mm） 小溜板每圈 5mm	1. 打中心孔时，加工出锥面的1/3。 2. 选择合适的钻头。 3. 注意加工的有效深度

	序号	内容	关键点
加工过程	4	 （选择 $\phi22$ 的钻头，钻出底孔，游标卡尺测量有效深度 22mm） 小溜板每圈 5mm	1. 打中心孔时，加工出锥面的 1/3。 2. 选择合适的钻头。 3. 注意加工的有效深度
	5	 更换内孔车刀，加工 $\phi25$ 的内孔，分粗加工、半精加工和精加工 同理，加工 $\phi30$ 的内孔，长度 15mm	1. 内孔车刀安装时和外圆车刀基本一致，注意中心高的调整。 2. 加工内孔时，遵循先小后大的原则
	6	 切断刀的右刀尖确定 25mm 长度，从此处切断，控制工件的总长。 锐边倒钝，去毛刺	1. 游标卡尺检查工件的长度。 2. 锐边倒钝 C0.3

填写工件质量检验记录

零件名称				套类零件		
序号	检验项目	评分标准	配分	学员实测值	教师实测值	得分
1	外圆直径和长度尺寸	$\phi 38 \pm 0.1$ 25 ± 0.5	30			
2	内孔 $\phi 25$	± 0.5	25			
3	内孔 $\phi 30$	± 0.5	25			
4	倒角	锐边倒钝	5			
5	安全文明生产	安全操作规范	15			
教师签名：				总分：		

三、随堂练习

1. 常见的内孔加工方法有_____、_____、_____、_____等。其中，最基础的孔加工方法是_____。

2. 钻孔的一般顺序是：_____。根据切削三要素要求，在钻中心孔时转速 $n=$_____。

3. 在车削孔时，我们一般采用_____刀。

四、任务评价

序号	评价内容	评价方法	评价标准	配分	自评	互评	师评	得分
1	操作过程正确	现场评价	毛坯装夹， 刀具安装， 溜板操作	10				
2	产品	提交作品	根据图纸要求	60				
3	做笔记	交作业	认真做好笔记，字迹工整	20				
4	安全素养	现场评价	安全文明生产	10				
总计				100				

五、课后反思

1. 通过本次任务的学习，我的收获有哪些？

2.学习过程中，遇到了哪些问题，我是如何解决的？

_____

_____

六、实训老师点评

实训老师评价等级			
等级评定	A：优　□	B：良　□	C：中　□	D：待改进　□
老师签名：			年　月　日
备注：满分100分。85分以上为"优"，75~84分为"良"，60~74分为"中"，60分以下为"待改进"			

任务 5.7　外锥轴加工

一、学习目标

1. 掌握外锥轴的常见加工方法。
2. 独立用普通车床加工外锥轴。
3. 培养学生细致严谨的安全意识和质量意识。

二、任务知识储备

（一）材料准备与装夹

1. 材料处理

按图纸要求切割棒料，车削端面与外圆作为基准（外圆尺寸公差 ±0.05mm，端面垂直度 ≤ 0.02mm）。需调质材料（如 45 钢）在粗加工前完成热处理（硬度 220~250HBW），精加工前需留 0.3~0.5mm 余量。

2. 工件装夹

短轴：三爪卡盘夹持，夹持长度不大于总长的 1/3，校正径向跳动 ≤ 0.03mm。

长轴：采用"一夹一顶"装夹（卡盘 + 尾座顶尖），配合中心架支撑中部以减少振动。

（二）车床调整与角度设定

计算圆锥参数：

$$\tan(\alpha/2) = \frac{D-d}{2L}$$

根据图纸计算圆锥半角 $\alpha/2$：

其中：D 为大端直径，d 为小端直径，L 为圆锥长度。

调整小溜板角度：松开小溜板紧固螺钉，按计算角度转动小溜板（精度控制至 ±0.5°），用百分表辅助校正角度误差 ≤ 0.02°。

（三）车刀安装与对中

1. 车刀选择与安装：选用硬质合金外圆车刀（主偏角 75°~90°），刀尖圆弧半径与圆锥表面粗糙度要求匹配（$R_a1.6\mu m$ 对应半径 ≤ 0.2mm）。

2. 刀尖严格对准工件轴线：通过端面划线法或对刀板校准，误差 ≤ 0.02mm。

（四）分阶段车削操作

1. 粗车圆锥面

采用径向分层切削法：切削深度 1~3mm，进给量 0.2~0.4mm/r，主轴转速 200~300r/min（碳钢）。

2. 长锥面分段加工

每段长度不大于小溜板行程，接刀处留 0.1~0.2mm 余量。

3. 精车圆锥面

精车余量 0.1~0.3mm，进给量 0.05~0.1mm/r，转速提升至 400~600r/min（降低表面粗糙度至 $R_a1.6\mu m$）。

（五）检测与修正

锥度检测：使用锥度规或涂色法检测接触面积（≥ 85% 为合格），三坐标测量仪校验圆锥半角误差 ≤ 0.01°。

游标卡尺测量大/小端直径偏差，配合锥度公式反推实际锥角。

（六）去毛刺与表面处理

倒角刀加工端面倒角（C0.5~C1），砂布沿轴向抛光圆锥面（$R_a0.8\mu m$）。

（七）关键工艺要点

1. 长锥面加工

分段车削时需控制接刀痕，每段切削深度递减（如首段 2mm，末段 0.5mm）。

2. 振动控制

刀杆悬伸长度不大于刀杆高度的 1.5 倍，必要时使用跟刀架支撑。

3. 特殊圆锥加工

大锥度（>30°）：采用宽刃刀直接成形，配合反向进给切削。

精密配合锥面：精车后留 0.05~0.1mm 余量，采用研磨或磨削终加工。

（八）安全规范

手动进给时禁止戴手套，退刀动作需与主轴停转同步。

切削液持续浇注（碳钢用乳化液，不锈钢用硫化油），防止积屑瘤。

5.7-1　外锥
轴加工

外锥轴加工练习

要求：根据下面产品图纸，填写加工工艺卡片，完成产品加工。学生分小组，每组 5 人，在小组长的带领下完成加工，本次的产品毛坯为尼龙棒

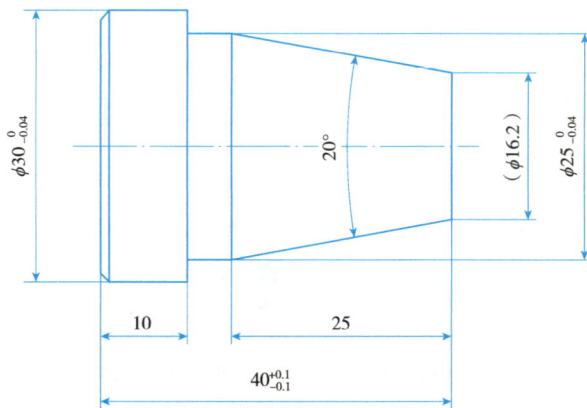

（外锥轴图纸）

	序号	内容	关键点
加工前的准备	1	根据加工要求，填写加工工艺卡片	
	2	装夹毛坯和刀具（参考上一个任务）	卡盘扳手随手摘、调整中心高
加工过程	3	平端面，加工外圆 ϕ30，L44；ϕ25，L25	控制 ϕ30 和 ϕ25 的外圆尺寸
	4	（旋转小溜板，加工外锥）	1. 小溜板旋转10°。2. 分层加工外锥余量。3. 控制小端直径 ϕ16.2，L25
	5	切断刀的右刀尖确定40mm长度，从此处切断，控制工件的总长。锐边倒钝，去毛刺	1. 游标卡尺检查工件的长度。2. 锐边倒钝 C0.3

填写工件质量检验记录

零件名称				外锥轴零件		
序号	检验项目	评分标准	配分	学员实测值	教师实测值	得分
1	外圆直径	$\phi 38$ $\phi 25$	30			
2	锥度	20°	25			
3	总长 40	±0.5	25			
4	倒角	锐边倒钝	5			
5	安全文明生产	安全操作规范	15			
教师签名：				总分：		

三、随堂练习

1. 常见的外锥加工方法有_____、_____等。

2. 零件的锥度尺寸和小溜板的角度关系是_____。

四、任务评价

序号	评价内容	评价方法	评价标准	配分	自评	互评	师评	得分
1	操作过程正确	现场评价	毛坯装夹，刀具安装，溜板操作	10				
2	产品	提交作品	根据图纸要求	60				
3	做笔记	交作业	认真做好笔记，字迹工整	20				
4	安全素养	现场评价	安全文明生产	10				
总计				100				

五、课后反思

1. 通过本次任务的学习，我的收获有哪些？

2. 学习过程中，遇到了哪些问题，我是如何解决的？

_____

_____

六、实训老师点评

实训老师评价等级			
等级评定	A：优 □	B：良 □	C：中 □	D：待改进 □
老师签名：			年 月 日
备注：满分100分。85分以上为"优"，75~84分为"良"，60~74分为"中"，60分以下为"待改进"			

任务 5.8　内锥套加工

一、学习目标

1. 掌握内锥套的常见加工方法。
2. 独立用普通车床加工内锥套。
3. 培养学生细致严谨的安全意识和质量意识。

二、任务知识储备

（一）材料准备与装夹

1. 材料预处理

按图纸切割棒料，车削端面与外圆作为基准（外圆尺寸公差 ±0.05mm，端面垂直度 ≤ 0.02mm）。需调质材料（如 45 钢）在粗加工前完成热处理（硬度 220~250HBW），精加工前留 0.3~0.5mm 余量。

2. 工件装夹

短套类：三爪卡盘夹持，夹持长度不大于总长的 1/3，校正径向跳动 ≤ 0.03mm。

长套类：采用"一夹一顶"装夹（卡盘＋尾座顶尖），必要时加中心架支撑内壁。

（二）刀具选择与安装

1. 内锥车刀选择

选用硬质合金内孔车刀，刀尖圆弧半径与内锥面粗糙度匹配（$R_a1.6\mu m$ 对应半径 ≤ 0.2mm）。刀尖严格对准工件轴线，可通过端面划线法校准（误差 ≤ 0.02mm）。

2. 车床调整

计算圆锥半角：按公式 $\tan(\alpha/2) = \dfrac{D-d}{2L}$ 确定小拖板转动角度（精度 ±0.5°）。松开小拖板紧固螺钉，按计算角度调整后锁紧，并用百分表校验角度误差。

（三）内锥面车削操作

1. 底孔加工

钻孔：用小于锥孔小端直径 1~2mm 的钻头预钻孔（如 $\phi20mm$ 锥孔预钻 $\phi18mm$）。

粗镗孔：留 0.5~1mm 余量，转速 200~300r/min（碳钢），浇注乳化液冷却。

2. 粗车内锥面

采用分层切削法：切削深度 1~2mm，进给量 0.2~0.3mm/r，主轴转速 150~200r/min。

每段切削长度不大于小拖板行程，接刀处留 0.1~0.2mm 余量。

3. 精车内锥面

精车余量 0.1~0.3mm，进给量 0.05~0.1mm/r，转速提升至 400~600r/min。

左右交替切削修正锥度误差，小拖板微调量 ≤ 0.02mm/ 次。

（四）检测与修整

锥度校验：使用锥度塞规涂色法检测接触面积（≥ 85% 合格），三坐标测量仪校验半角误差 ≤ 0.01°。游标卡尺测量大 / 小端直径，反推实际锥角是否符合公差。

（五）表面处理

砂布沿轴向抛光内锥面至 $R_a 0.8\mu m$，倒角刀加工孔口倒角（C0.5~C1）。

（六）关键工艺要点

1. 刀具刚度

刀杆悬伸长度不大于孔径的 1.5 倍，优先选用圆锥形刀柄增强刚性。

2. 切削液控制

精车时改用机油润滑，减少积屑瘤产生。

3. 特殊锥面加工

大锥度（>30°）：采用宽刃刀直接成形，反向进给减少振动。

精密配合锥面：留 0.05mm 余量，终加工采用研磨工艺。

5.8-1 内锥套加工

套类零件加工练习

要求：根据下面产品图纸，填写加工工艺卡片，完成产品加工。学生分小组，每组 5 人，在小组长的带领下完成加工，本次的产品毛坯为尼龙棒

$\phi 26^{+0.04}_{0}$ 　 30° 　 $\phi 38$ 　 $\phi 45^{0}_{-0.039}$

$40^{+0.1}_{-0.1}$

（套类零件图纸）

	序号	内容	关键点
加工前的准备	1	根据加工要求，填写加工工艺卡片	
	2	装夹毛坯和刀具（参考上一个任务）	卡盘扳手随手摘、调整中心高

续表

	序号	内容	关键点
加工过程	3	平端面，加工外圆 $\phi45$，L44	1. 选择内孔 $\phi20$、外圆 $\phi50$ 的管料做毛坯。 2. 控制 $\phi45$ 的外圆尺寸
	4	（粗精加工 $\phi26$ 的内孔）	1. 内孔车刀粗精加工 $\phi26$ 的内孔，注意深度控制。 2. 刀具安装伸出长度不能过长，以免引起震动
	5	更换内孔车刀，加工 $30°$ 的圆锥内孔，分粗加工、半精加工和精加工	1. 注意小溜板的摆放角度。 2. 由于余量较多，采用分层加工的方法。 3. 注意圆锥大端的尺寸
	6	切断刀的右刀尖确定 40mm 长度，从此处切断，控制工件的总长。 锐边倒钝，去毛刺	1. 游标卡尺检查工件的长度。 2. 锐边倒钝 C0.3

填写工件质量检验记录

零件名称			套类零件			
序号	检验项目	评分标准	配分	学员实测值	教师实测值	得分
1	外圆直径和长度尺寸	$\phi45$ 40	30			
2	内孔	$\phi26$	25			
3	锥度	30°	25			
4	倒角	锐边倒钝	5			
5	安全文明生产	安全操作规范	15			
教师签名：				总分：		

三、随堂练习

1. 常见的内孔加工方法有_____、_____、_____、_____等。其中，最基础的孔加工方法是_____。

2. 加工内锥的一般顺序是_____。

3. 在加工内锥时如何确定小溜板的摆动角度？

四、任务评价

序号	评价内容	评价方法	评价标准	配分	自评	互评	师评	得分
1	操作过程正确	现场评价	毛坯装夹，刀具安装，溜板操作	10				
2	产品	提交作品	根据图纸要求	60				
3	做笔记	交作业	认真做好笔记，字迹工整	20				
4	安全素养	现场评价	安全文明生产	10				
总计				100				

五、课后反思

1. 通过外锥和内锥加工方法的学习，思考在实际加工中如何保证内外锥配的精度？

2.学习过程中，遇到了哪些问题，我是如何解决的？

_____

_____

六、实训老师点评

实训老师评价等级			
等级评定	A：优 □	B：良 □	C：中 □	D：待改进 □
老师签名：			年 月 日
备注：满分 100 分。85 分以上为"优"，75~84 分为"良"，60~74 分为"中"，60 分以下为"待改进"			

任务 5.9 内螺纹加工

一、学习目标

1.掌握螺纹的类型和作用，并熟悉用丝锥加工内螺纹的流程。

2.能独立用普通车床加工内螺纹。

3.培养学生细致严谨的安全意识和质量意识。

二、任务知识储备

（一）底孔加工与刀具准备

1.底孔加工

钻孔：根据螺纹公称直径计算底孔尺寸（如 M14×1.5 螺纹底孔为 12.5mm），选用钻头预钻孔，转速 200~300r/min，浇注切削液冷却。

扩孔／铰孔：使用扩孔钻或铰刀精修底孔，保证孔径精度（公差 ±0.05mm），表面粗糙度达 R_a3.2μm。

2.内螺纹车刀选择

成形车刀：单件生产时刃磨与螺纹牙型匹配的硬质合金车刀（刀杆直径不大

于孔径的 0.7 倍）。

可调式镗刀，批量加工时使用可调节刀头的镗刀，提升效率。

（二）内螺纹车削

1. 粗车螺纹

径向进刀法：主轴转速 100~200r/min，横向进刀切削，分 4~6 刀完成粗车，每刀切削深度 0.2~0.5mm，留 0.1~0.2mm 余量。

斜向进刀法（粗车大螺距螺纹）：刀具斜向进给，降低切削阻力，避免扎刀。

2. 精车螺纹

轴向进刀法（左右交替切削）：主轴转速 50~100r/min，每次切削深度 ≤ 0.05mm，通过小拖板左右微调修正牙型误差。

3. 光整加工

空走刀 1~2 次消除让刀变形，表面粗糙度达 $R_a1.6\mu m$。

（三）检测与修整

螺纹精度检测：

1. 通止规校验：使用螺纹塞规检测通端（T）和止端（Z），确保螺纹配合精度（IT7 级）。

2. 三针测量法：测量螺纹中径，误差控制在 ±0.02mm。

（四）去毛刺与倒角

用倒角刀对孔口倒角（C0.5~C1），砂布沿螺纹旋向抛光内壁，去除毛刺。

（五）关键工艺要点

1. 切削参数

粗车时切削液以润滑为主（如机油），精车时改用乳化液冷却。螺距误差需通过调整挂轮箱齿轮比修正（如 1 : 1.5 挂轮组）。

2.特殊螺纹加工

梯形内螺纹：采用左右交替切削法，刀具主偏角需匹配牙型角（30°或29°）。

盲孔螺纹：设置退刀槽（宽度 ≥ 1.5 倍螺距），避免刀具撞击孔底。

5.9-1　螺纹
套加工

（六）安全注意事项

车削时禁止戴手套操作，及时清理缠绕在工件上的切屑。

退刀需快速连贯，防止刀具划伤已加工表面。

		内螺纹零件加工练习	
要求：根据下面产品图纸，填写加工工艺卡片，完成产品加工。学生分小组，每组5人，在小组长的带领下完成加工，本次的产品毛坯为尼龙棒			
		（内孔零件图纸）	
	序号	内容	关键点
加工前的准备	1	根据加工要求，填写加工工艺卡片	
	2	装夹毛坯和刀具（参考上一个任务）	卡盘扳手随手摘、调整中心高
加工过程	3	平端面，加工外圆 φ28，L27	控制 φ38 的外圆尺寸
	4	（提高主轴转速 n=600r/min，采用中心钻打中心孔）	1.打中心孔时，加工出锥面的1/3。 2.选择合适的钻头。 3.注意加工的有效深度

续表

	序号	内容	关键点
加工过程	4	（选择 ϕ10.3 的钻头，钻出底孔，游标卡尺测量有效深度 30mm） 小溜板每圈 5mm	1. 打中心孔时，加工出锥面的 1/3。 2. 选择合适的钻头。 3. 注意加工的有效深度
	5	采用一个直径较大的钻头，完成螺纹孔的倒角 攻螺纹，有效长度27mm	1. 倒角的大小估计 C2。 2. 手动攻螺纹，保证有效长度在27mm 以上
	6	切断刀的右刀尖确定 25mm 长度，从此处切断，控制工件的总长。 锐边倒钝，去毛刺	1. 游标卡尺检查工件的长度。 2. 锐边倒钝 C0.3

填写工件质量检验记录

	零件名称		内螺纹零件			
序号	检验项目	评分标准	配分	学员实测值	教师实测值	得分
1	外圆直径和长度尺寸	ϕ38 ± 0.1 25 ± 0.5	30			
2	内螺纹 M12	M12 外螺纹通止规检查	50			

续表

序号	检验项目	评分标准	配分	学员实测值	教师实测值	得分
3	倒角	锐边倒钝	5			
4	安全文明生产	安全操作规范	15			
教师签名：				总分：		

三、随堂练习

　　1. 常见内螺纹的加工流程是_____。

　　2. M12 内螺纹，底孔直径为_____。

四、任务评价

序号	评价内容	评价方法	评价标准	配分	自评	互评	师评	得分
1	操作过程正确	现场评价	毛坯装夹，刀具安装，溜板操作	10				
2	产品	提交作品	根据图纸要求	60				
3	做笔记	交作业	认真做好笔记，字迹工整	20				
4	安全素养	现场评价	安全文明生产	10				
总计				100				

五、课后反思

　　1. 通过本次任务的学习，我的收获有哪些？

_____

_____

　　2. 学习过程中，遇到了哪些问题，我是如何解决的？

_____

六、实训老师点评

实训老师评价等级				
等级评定	A：优 □	B：良 □	C：中 □	D：待改进 □
老师签名：				年　月　日
备注：满分 100 分。85 分以上为"优"，75~84 分为"良"，60~74 分为"中"，60 分以下为"待改进"				

任务 5.10　外螺纹加工

一、学习目标

1. 掌握螺纹的类型和作用，并熟悉用板牙加工外螺纹的流程。

2. 能独立用普通车床加工外螺纹。

3. 培养学生细致严谨的安全意识和质量意识。

二、任务知识储备

（一）材料准备与装夹

材料切割与基准加工：按图纸要求切割棒料，车削外圆至螺纹公称直径（如 M20 外螺纹需车至 20mm ± 0.05mm），并加工端面作为基准（垂直度 ≤ 0.02mm）。

调质材料（如 45 钢）需在粗车前完成热处理（硬度 220~250HBW）。

（二）刀具准备与安装

1. 外螺纹车刀选择

普通三角形螺纹：刃磨 60° 硬质合金车刀（YT15），刀尖角误差 ≤ ± 0.5°，前角 γ_0=5°~8°，后角 α_0=4°~6°。

梯形螺纹：采用 30° 专用梯形螺纹刀，刀尖宽度按螺距计算（如螺距 3mm，刀尖宽 1.5mm）。

2. 刀具安装

使用对刀板校正刀尖角对称度（误差 ≤ 0.05mm），刀尖高度与工件轴线平齐（误差 ≤ 0.02mm）。

（三）车床参数调整

1. 挂轮箱调整

根据螺距调整齿轮组合（如车削 M20×2.5 螺纹，选配 1 ∶ 1.25 挂轮组），确保丝杠与主轴转速匹配。

2. 主轴转速设定

粗车：200~300r/min（碳钢）、100~150r/min（不锈钢）。

精车：50~100r/min，降低切削热与振动。

（四）外螺纹车削操作

1. 粗车螺纹

径向分层切削法：分 4~6 刀切削，每刀切深 0.3~0.5mm（首刀 0.1~0.2mm 试切），总切深 ≈ 0.65×螺距（如螺距 2.5mm，总切深为 1.625mm）。

进刀控制：中滑板刻度盘每格 0.05mm，退刀时快速脱离工件避免撞刀。

2. 精车螺纹

左右交替切削法：小溜板左右微调（每次 ≤ 0.02mm），修正牙型半角误差。

3. 光整加工

空走刀 1~2 次消除让刀变形，表面粗糙度达 R_a1.6μm。

（五）检测与修正

1. 螺纹精度检测

通止规校验：螺纹环规通端（T）应旋入，止端（Z）旋入 ≤ 1.5 圈。

三针测量法：测量中径尺寸（如 M20×2.5 螺纹，三针直径 1.732mm，中径理论值 18.376mm），误差控制在 ±0.02mm。

2. 牙型修正

若牙顶过尖：调整刀具前角（减小 0.5°~1°）并补修牙顶。

若牙底粗糙：更换锋利刀具，降低切削速度并增加切削液浇注。

（六）关键工艺要点

1. 切削液选择

碳钢用乳化液，不锈钢用硫化油（防止积屑瘤）。

2. 退刀槽处理

螺纹末端加工退刀槽（宽度 ≥ 2 倍螺距，深度 ≥ 0.5 倍螺距）。

3. 特殊螺纹加工

大螺距螺纹（如 $T_r36 \times 6$）：采用斜向进刀法（刀架旋转 15°~30°），降低切削阻力。

多头螺纹：分线时转动小溜板 1 个螺距（需计算螺距与导程关系）。

安全规范：退刀动作需与开合螺母操作同步，防止乱扣。严禁戴手套操作，切削时关闭防护罩。

5.10-1 螺纹轴加工

外螺纹零件加工练习

要求：根据下面产品图纸，填写加工工艺卡片，完成产品加工。学生分小组，每组 5 人，在小组长的带领下完成加工，本次的产品毛坯为尼龙棒

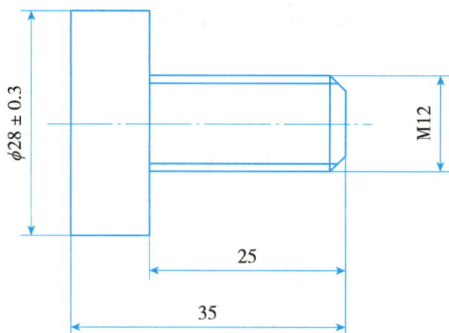

$\phi 28 \pm 0.3$　　M12

25

35

（外螺纹零件图纸）

	序号	内容	关键点
加工前的准备	1	根据加工要求，填写加工工艺卡片	
	2	装夹毛坯和刀具（参考上一个任务）	卡盘扳手随手摘、调整中心高

续表

序号	内容	关键点
加工过程 3	 平端面，加工外圆 $\phi28\pm0.3$，L40；$\phi11.7$，L25	控制 $\phi28$、$\phi11.7$ 的外圆尺寸
4	 倒角C2 换倒角刀，完成 C2 倒角 （板牙套丝）	1. 低转速 $n=60r/min$。 2. 注意加工的有效深度。 3. 注意板牙的型号
5	 切断刀的右刀尖确定 35mm 长度，从此处切断，控制工件的总长。 锐边倒钝，去毛刺	1. 游标卡尺检查工件的长度。 2. 锐边倒钝 C0.3

填写工件质量检验记录

零件名称			外螺纹零件			
序号	检验项目	评分标准	配分	学员实测值	教师实测值	得分
1	外圆直径和长度尺寸	$\phi28\pm0.3$ L35	30			
2	外螺纹 M12	M12 螺纹环规检查	50			
3	倒角	锐边倒钝	5			
4	安全文明生产	安全操作规范	15			
教师签名：			总分：			

三、随堂练习

1. 常见外螺纹的加工流程是_____。
2. M12 外螺纹，外圆直径为_____。

四、任务评价

序号	评价内容	评价方法	评价标准	配分	自评	互评	师评	得分
1	操作过程正确	现场评价	毛坯装夹，刀具安装，溜板操作	10				
2	产品	提交作品	根据图纸要求	60				
3	做笔记	交作业	认真做好笔记，字迹工整	20				
4	安全素养	现场评价	安全文明生产	10				
总计				100				

五、课后反思

1. 通过本次任务的学习，我的收获有哪些?

_____

2.学习过程中，遇到了哪些问题，我是如何解决的？

_____

_____

六、实训老师点评

实训老师评价等级			
等级评定	A：优 □	B：良 □	C：中 □	D：待改进 □
老师签名：			年 月 日
备注：满分 100 分。85 分以上为"优"，75~84 分为"良"，60~74 分为"中"，60 分以下为"待改进"			

3

第三部分

综合篇——
零件加工练习

项目 6

孔轴配合件加工

任务 6.1　模拟题（一）

一、学习目标

1.掌握图示零件的加工工艺，填写工艺卡片。

2.能独自在车床上加工合格产品。

3.培养学生细致严谨的安全意识和质量意识。

6.1-1　配合
件加工样题
（一）

二、任务知识储备

产品加工练习

要求：根据下面产品图纸，结合产品加工工艺卡片，完成产品加工，注意控制尺寸精度。总共需要多次装夹完成整套零件的加工

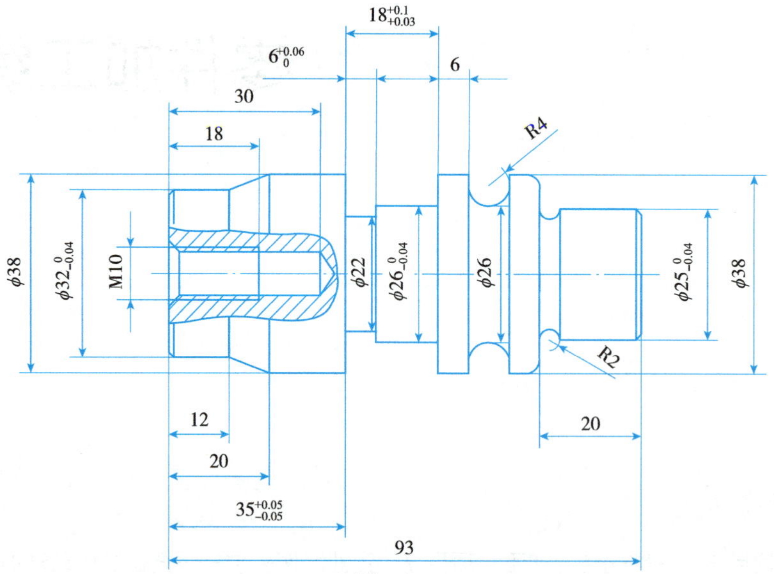

（件一）

续表

（件二）

（装配图）

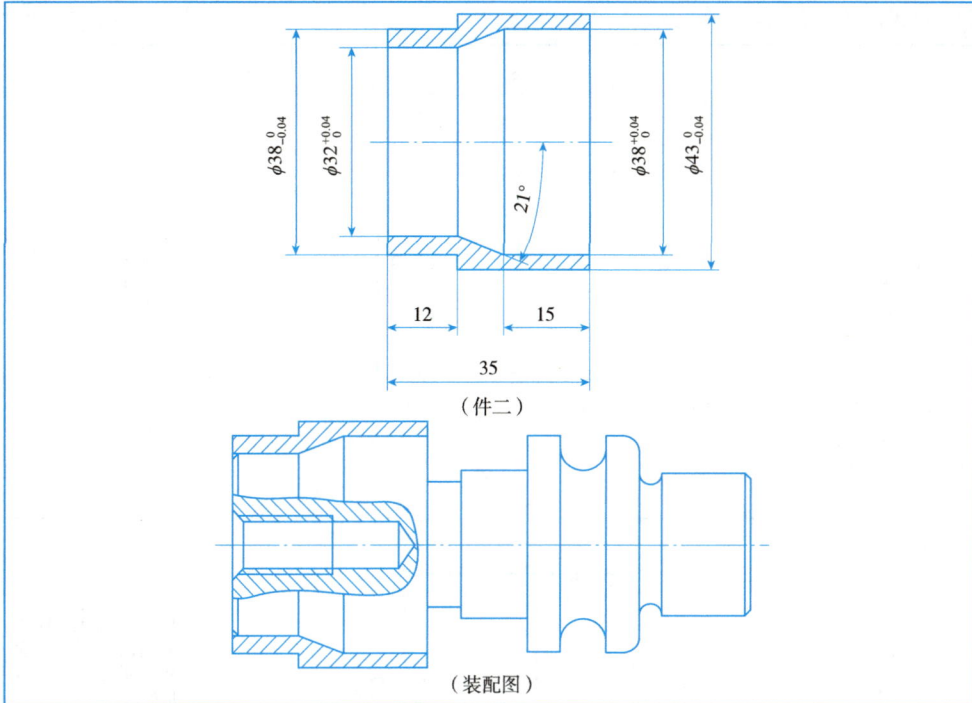

	序号	内容	关键点
件一	第一次装夹		1. 工件装夹伸出 60，平端面、粗车 $\phi39$ 长度 56、$\phi33$ 长度 11.8。 2. 钻孔 $\phi8.7$ 深度 30、倒角、攻螺纹 M10 深度 18。 3. 切槽 $\phi26$ 宽度 18、$\phi22$ 宽度 6，倒角去毛刺取下工件
	第二次装夹		1. 掉头装夹 $\phi39$ 处，平端面控制总长至 93、粗车 $\phi38.5$、$\phi25.5$ 长度 19.8。 2. 精车 $\phi38$、$\phi25$ 长度 20

续表

序号	内容	关键点
件二 第三次装夹	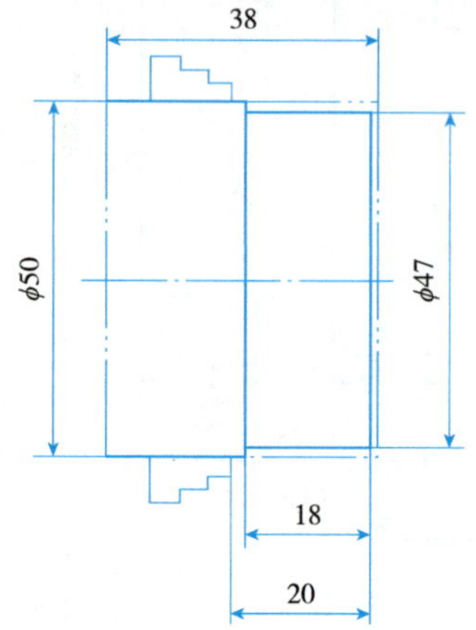	工件装夹伸出 20，平端面、粗车 $\phi47$ 长度 18
件二 第四次装夹	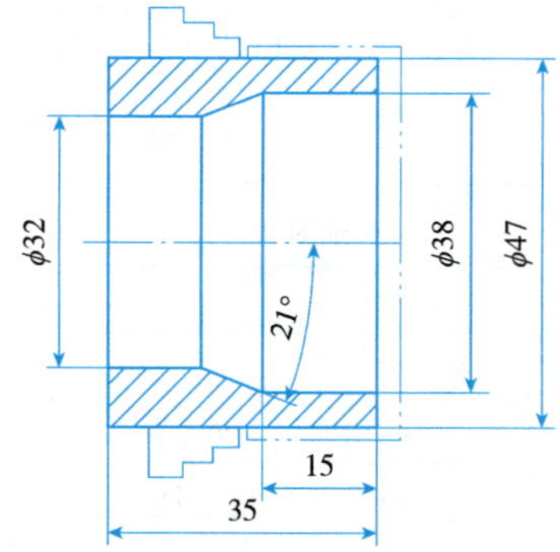	1. 掉头装夹 $\phi47$ 处平端面控制总长至 35、粗车 $\phi47$ 至卡爪处。 2. 粗精车内孔 $\phi32$、$\phi38$ 长度 15，车 21° 内锥，倒角去毛刺取下工件备用
配合件 第五次装夹	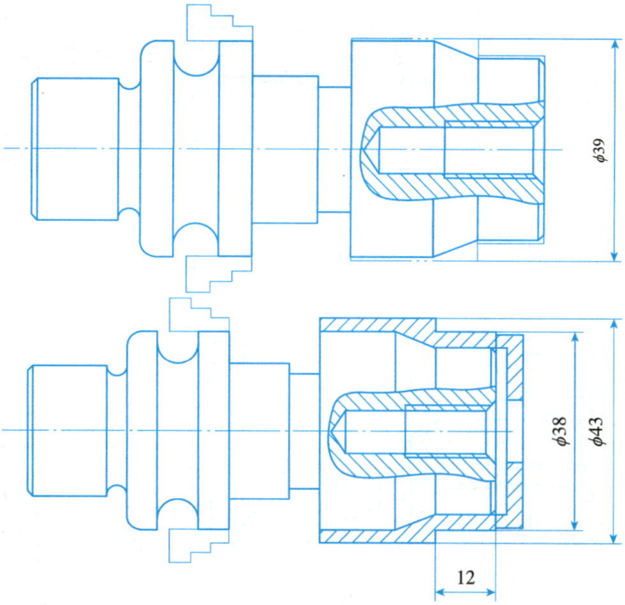	1. 工件装夹 R4 圆弧处 $\phi38$ 外圆，精车 $\phi38$、$\phi32$ 长度 12，粗精车 21° 外锥，倒角去毛刺。 2. 用螺钉将套零件压紧至轴上（不可过紧）。 3. 粗车 $\phi43.5$、$\phi38.5$ 长度 11.8（小背吃刀量，慢走刀）。 4. 精车 $\phi43$、$\phi38$ 长度 12，倒角去毛刺，轻敲取下工件

114

填写工件质量检验记录

件号	序号	测量位置	基本尺寸	满分	A 档	B 档	自测	师评
件一（185 分）	1	尺寸 1	$\phi36$	20	−0.04	−0.062		
	2	尺寸 2	$\phi26$	20	−0.04	−0.052		
	3	尺寸 3	$\phi25$	20	−0.04	−0.084		
	4	尺寸 4	35	20	± 0.05	± 0.1		
	5	尺寸 5	6	15	0.06	0.12		
	6	尺寸 6	18	15	0.07	0.11		
	7	尺寸 7	R2	5	± 0.2	± 0.5		
	8	尺寸 8	R4	5	± 0.2	± 0.5		
	9	螺纹精度	M10	10	H6	H7		
	10	粗糙度 1		10	$R_a1.6$	$R_a3.2$		
	11	粗糙度 2		10	$R_a1.6$	$R_a3.2$		
	12	粗糙度 3		10	$R_a1.6$	$R_a3.2$		
	13	粗糙度 4		10	$R_a1.6$	$R_a3.2$		
	14	粗糙度 5		10	$R_a1.6$	$R_a3.2$		
	15	其余粗糙度		5	$R_a12.5$			
件二（105 分）	1	尺寸 1	$\phi43$	10	−0.039	−0.052		
	2	尺寸 2	$\phi38$	10	0.04	0.1		
	3	尺寸 3	$\phi38$	10	−0.04	−0.1		
	4	尺寸 4	$\phi32$	10	0.04	0.1		
	5	角度	21°	10	± 1°			
	6	其余尺寸		10	± 1			
	7	粗糙度 1		10	$R_a1.6$	$R_a3.2$		
	8	粗糙度 2		10	$R_a1.6$	$R_a3.2$		
	9	粗糙度 3		10	$R_a1.6$	$R_a3.2$		
	10	粗糙度 4		10	$R_a1.6$	$R_a3.2$		
	11	其余粗糙度		5	$R_a12.5$			
配合（30 分）	1	20° 结合率		10	60%	40%		
	2	18mm		10	± 0.1	± 0.2		
	3	$\phi32$		10	0.1	0.16		
职业素养（20 分）	1	打刀		5				
	2	工件报废		5				
	3	受伤		5				
	4	工位和机床清洁		5				
总分								

三、任务评价

序号	评价内容	评价方法	评价标准	配分	自评	互评	师评	得分
1	操作过程正确	现场评价	毛坯装夹，刀具安装，溜板操作	20				
2	产品	提交作品	根据图纸要求	60				
3	做笔记	交作业	认真做好笔记，字迹工整	10				
4	安全素养	现场评价	安全文明生产	10				
	总计			100				

四、课后反思

1.通过本次任务的学习，我的收获有哪些？

_____

_____

_____

2.学习过程中，遇到了哪些问题，我是如何解决的？

_____

_____

_____

五、实训老师点评

实训老师评价等级			
等级评定	A：优 □	B：良 □	C：中 □	D：待改进 □
老师签名：			年　月　日
备注：满分100分。85分以上为"优"，75~84分为"良"，60~74分为"中"，60分以下为"待改进"			

任务 6.2　模拟题（二）

一、学习目标

1. 掌握图示零件的加工工艺，填写工艺卡片。

2. 能独自在车床上加工合格产品。

3. 培养学生细致严谨的安全意识和质量意识。

6.2-1　配合
件加工样题
（二）

二、任务知识储备

产品加工练习

要求：根据下面产品图纸，结合产品加工工艺卡片，完成产品加工，注意控制尺寸精度。总共需要多次装夹完成整套零件的加工

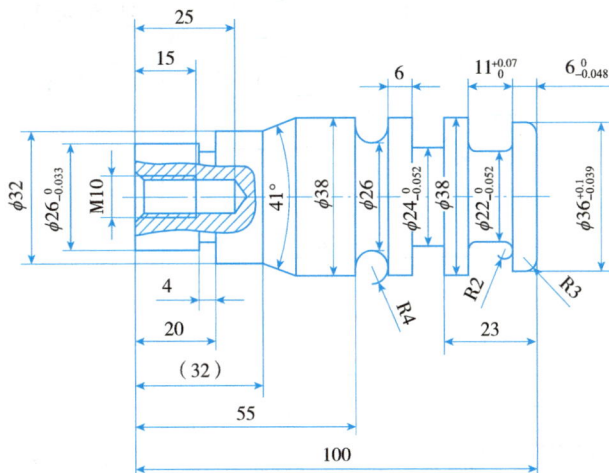

（件一）

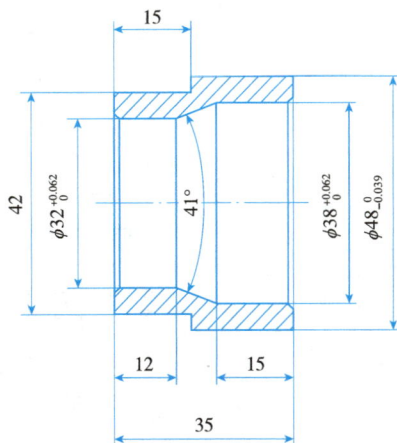

（件二）

续表

（装配图）

序号	内容	关键点
件一 第一次装夹		1. 工件装夹伸出 70，平端面、钻孔 $\phi 8.7$ 深度 25、倒角、攻螺纹 M10 深度 15。 2. 粗车 $\phi 39$ 长度 65、$\phi 33$ 长度 31.8、$\phi 26.5$ 长度 19.8；精车 $\phi 26$ 长度 20。 3. 切槽 $4 \times \phi 22$、$8 \times \phi 34$，倒角去毛刺取下工件
第二次装夹		1. 掉头装夹 $\phi 39$ 处，平端面控制总长至 100、粗车 $\phi 38.5$、$\phi 36.5$ 长度 17；精车 $\phi 38$、$\phi 36$。 2. 切槽 $8 \times \phi 24$、$11 \times \phi 26$ 控制 6mm 精度。 3. R2 圆弧刀粗车 R4 底径 $\phi 26.3$、粗精车 R2 两处控制底径 $\phi 22$ 精度、粗精车 R3。 4. 换 R4 圆弧刀精车 R4 底径 $\phi 26$，倒角去毛刺取下工件备用

	序号	内容	关键点
件二	第三次装夹	$\phi42$ $\phi48.5$ 15 18	工件装夹伸出20，平端面、粗车$\phi48.5$长度18、$\phi42.5$长度14.8；精车$\phi42$长度15，倒角去毛刺
	第四次装夹	$\phi42$ $\phi48$ 35 $\phi42$ $\phi32$ $\phi38$ $\phi48$ 15 35	1. 装夹$\phi42$处平端面控制总长至35、粗车$\phi48.5$至卡爪处；精车$\phi48$。 2. 粗精车内孔$\phi32$、$\phi38$长度15、车21°内锥，倒角去毛刺取下工件备用
配合件	第五次装夹	$\phi38$ $\phi32$ 8 ± 0.1	1. 工件装夹R4圆弧处$\phi38$外圆，卡爪距离圆弧槽1mm，精车$\phi38$、$\phi32$长度12，粗精车21°外锥。 2. 将套零件配合至轴上检查8mm尺寸是否合格，以便继续修整外锥直到合格。 3. 倒角去毛刺，检查合格后取下工件，完成加工

填写工件质量检验记录

件号	序号	测量位置	基本尺寸	满分	A档	B档	自测	师评
件一（185分）	1	尺寸1	ϕ36	20	−0.039	−0.062		
	2	尺寸2	ϕ26	20	−0.033	−0.052		
	3	尺寸3	ϕ24	20	−0.052	−0.084		
	4	尺寸4	ϕ22	20	−0.052	−0.13		
	5	尺寸5	6	15	−0.048	−0.075		
	6	尺寸6	11	15	0.07	0.11		
	7	尺寸7	R3	5	±0.2	±0.5		
	8	其余尺寸		5	±0.5			
	9	螺纹精度	M16	10	H6	H7		
	10	粗糙度1		10	R_a1.6	R_a3.2		
	11	粗糙度2		10	R_a1.6	R_a3.2		
	12	粗糙度3		10	R_a1.6	R_a3.2		
	13	粗糙度4		10	R_a1.6	R_a3.2		
	14	粗糙度5		10	R_a1.6	R_a3.2		
	15	其余粗糙度		5	R_a12.5			
件二（100分）	1	尺寸1	ϕ48	10	−0.039	−0.052		
	2	尺寸2	ϕ38	10	0.062	0.16		
	3	尺寸3	ϕ32	10	0.062	0.16		
	4	角度	21°	10	±1°			
	5	其余尺寸		10	±1			
	6	粗糙度1		10	R_a1.6	R_a3.2		
	7	粗糙度2		10	R_a1.6	R_a3.2		
	8	粗糙度3		10	R_a1.6	R_a3.2		
	9	粗糙度4		10	R_a1.6	R_a3.2		
	10	其余粗糙度		5	R_a12.5			
	11	自测尺寸	ϕ48	5				
配合（35分）	1	20° 结合率		15	60%	40%		
	2	8mm		10	±0.1	±0.2		
	3	ϕ38		10	0.1	0.16		
职业素养（20分）	1	打刀		5				
	2	工件报废		5				
	3	受伤		5				
	4	工位和机床清洁		5				
总分								

三、任务评价

序号	评价内容	评价方法	评价标准	配分	自评	互评	师评	得分
1	操作过程正确	现场评价	毛坯装夹，刀具安装，溜板操作	20				
2	产品	提交作品	根据图纸要求	60				
3	做笔记	交作业	认真做好笔记，字迹工整	10				
4	安全素养	现场评价	安全文明生产	10				
总计				100				

四、课后反思

1.通过本次任务的学习，我的收获有哪些？

_____

_____

2.学习过程中，遇到了哪些问题，我是如何解决的？

_____

_____

五、实训老师点评

实训老师评价等级			
等级评定	A：优 □	B：良 □	C：中 □	D：待改进 □
老师签名：			年　月　日
备注：满分100分。85分以上为"优"，75~84分为"良"，60~74分为"中"，60分以下为"待改进"			

任务 6.3　模拟题（三）

一、学习目标

1. 掌握图示零件的加工工艺，填写工艺卡片。

2. 能独自在车床上加工合格产品。

3. 培养学生细致严谨的安全意识和质量意识。

6.3-1　配合件加工样题（三）

二、任务知识储备

产品加工练习

要求：根据下面产品图纸，结合产品加工工艺卡片，完成产品加工，注意控制尺寸精度。总共需要多次装夹完成整套零件的加工

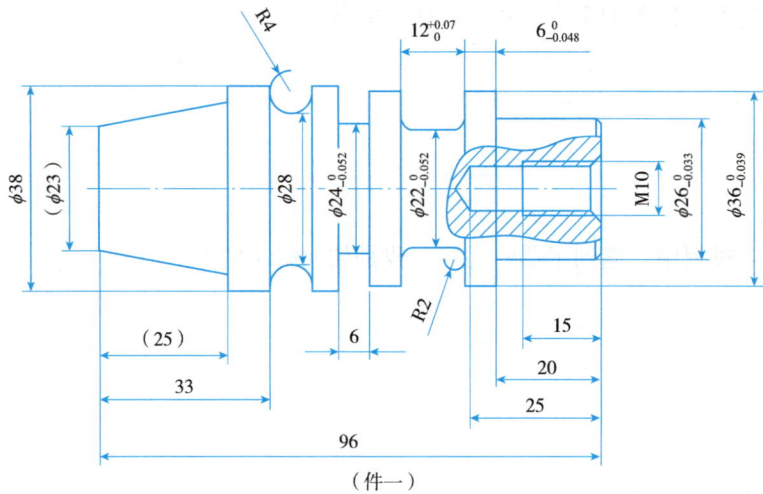

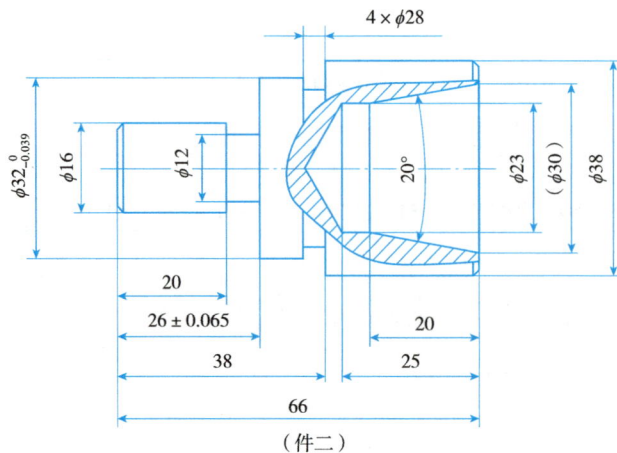

（件一）

（件二）

续表

$5^{+0.1}_{-0.1}$

（142）

（装配图）

序号	内容	关键点
件一	第一次装夹 R4 （φ36）φ28 φ35 φ38 8 25 48	1. 工件装夹伸出50，平端面、粗车φ38.5长度48、φ35长度24.8。 $n=500$，$f=0.28$，$a_p=2$。 2. 精车φ38，$n=800$，$f=0.12$，$a_p=0.5$。 3. 切槽φ34×8 $n=500$，手动。 4. R2圆弧刀粗车R4底径φ26.3，$n=500$，手动。 5. R4圆弧刀精车R4，$n=220$，手动
	第二次装夹 φ35 25 96	1. 装夹φ35位置，平端面控制总长96。$n=800$，$f=0.28$，$a_p=2$。 2. 钻孔φ8.6深度25，$n=500$，手动。 3. 攻螺纹M10深度15，手动。 4. 粗车φ36.5长度50、φ26长度19.8。$n=500$，$f=0.28$，$a_p=2$。 5. 精车φ36、φ26长度20。$n=800$，$f=0.12$，$a_p=0.5$。 6. 切槽6×φ24、12×φ26（此处控制好6mm精度）。$n=500$，手动。 7. R2圆弧刀粗精车底径φ22并完成R2圆弧。$n=800$，手动。 8. 倒角，取下工件备用
件二	第三次装夹 φ21 φ38 26	1. 工件装夹伸出32，平端面、钻孔φ21深度26、粗车φ38.5。$n=500$，$f=0.28$，$a_p=2$。 2. 精车φ38，$n=800$，$f=0.12$，$a_p=0.5$

序号		内容	关键点
件二	第四次装夹		1. 掉头装夹平端面控制总长至 66.5（留长度余量，掉头平端面）。$n=800$，$f=0.28$，$a_p=2$。 2. 粗车 $\phi32.5$ 长度 37.8、$\phi16.5$ 长度 25.8。$n=500$，$f=0.28$，$a_p=2$。 3. 精车 $\phi32$ 长度 38、$\phi16$ 长度 26。$n=800$，$f=0.12$，$a_p=0.5$。 4. 切槽 $4\times\phi28$、$6\times\phi12$（注意 26mm 的长度精度）。$n=500$，手动。 5. 倒角，取下工件备用
件一	第五次装夹		1. 工件装夹 $\phi38$ 处，粗精车外圆锥控制小端直径到 $\phi23$。$n=800$，手动。 2. 倒角，取下工件备用
配合件	第六次装夹		1. 工件装夹 $\phi38$ 处，平端面 0.5。$n=800$，手动。 2. 车孔 $\phi23$ 长度 25，$n=500$，$f=0.12$，$a_p=2$。 3. 配合外圆锥粗精车内圆锥，控制锥缝至 5mm。 4. 倒角，检查完毕后取下工件完成加工

填写工件质量检验记录

件号	序号	测量位置	基本尺寸	满分	A 档	B 档	自测	师评
件一（185分）	1	尺寸1	$\phi36$	20	−0.039	−0.062		
	2	尺寸2	$\phi26$	20	−0.033	−0.052		
	3	尺寸3	$\phi24$	20	−0.052	−0.084		
	4	尺寸4	$\phi22$	20	−0.052	−0.13		
	5	尺寸5	6	15	−0.048	−0.075		
	6	尺寸6	11	15	0.07	0.11		
	7	尺寸7	R3	5	± 0.2	± 0.5		
	8	其余尺寸		5	± 0.5			
	9	螺纹精度	M16	10	H6	H7		
	10	粗糙度1		10	$R_a1.6$	$R_a3.2$		
	11	粗糙度2		10	$R_a1.6$	$R_a3.2$		
	12	粗糙度3		10	$R_a1.6$	$R_a3.2$		
	13	粗糙度4		10	$R_a1.6$	$R_a3.2$		
	14	粗糙度5		10	$R_a1.6$	$R_a3.2$		
	15	其余粗糙度		5	$R_a12.5$			
件二（100分）	1	尺寸1	$\phi48$	10	−0.039	−0.052		
	2	尺寸2	$\phi38$	10	0.062	0.16		
	3	尺寸3	$\phi32$	10	0.062	0.16		
	4	角度	21°	10	± 1°			
	5	其余尺寸		10	± 1			
	6	粗糙度1		10	$R_a1.6$	$R_a3.2$		
	7	粗糙度2		10	$R_a1.6$	$R_a3.2$		
	8	粗糙度3		10	$R_a1.6$	$R_a3.2$		
	9	粗糙度4		10	$R_a1.6$	$R_a3.2$		
	10	其余粗糙度		5	$R_a12.5$			
	11	自测尺寸	$\phi48$	5				
配合（35分）	1	20° 结合率		15	60%	40%		
	2	8mm		10	± 0.1	± 0.2		
	3	$\phi38$		10	0.1	0.16		
职业素养（20分）	1	打刀		5				
	2	工件报废		5				
	3	受伤		5				
	4	工位和机床清洁		5				
总分								

三、任务评价

序号	评价内容	评价方法	评价标准	配分	自评	互评	师评	得分
1	操作过程正确	现场评价	毛坯装夹，刀具安装，溜板操作	20				
2	产品	提交作品	根据图纸要求	60				
3	做笔记	交作业	认真做好笔记，字迹工整	10				
4	安全素养	现场评价	安全文明生产	10				
总计				100				

四、课后反思

1. 通过本次任务的学习，我的收获有哪些？

_____

_____

2. 学习过程中，遇到了哪些问题，我是如何解决的？

_____

_____

五、实训老师点评

实训老师评价等级				
等级评定	A：优 □	B：良 □	C：中 □	D：待改进 □
老师签名：				年 月 日
备注：满分 100 分。85 分以上为"优"，75~84 分为"良"，60~74 分为"中"，60 分以下为"待改进"				

任务 6.4 模拟题（四）

一、学习目标

1. 掌握图示零件的加工工艺，填写工艺卡片。

2. 能独自在车床上加工合格产品。

3. 培养学生细致严谨的安全意识和质量意识。

二、任务知识储备

产品加工练习

要求：根据下面产品图纸，结合产品加工工艺卡片，完成产品加工，注意控制尺寸精度。总共需要多次装夹完成整套零件的加工

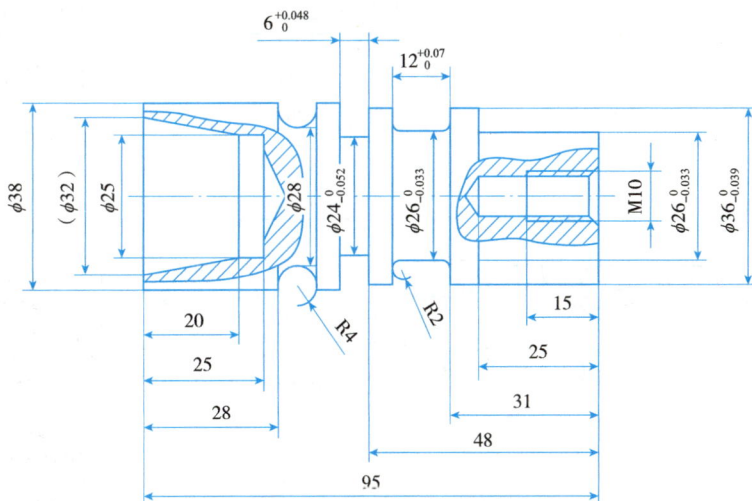

（件一）

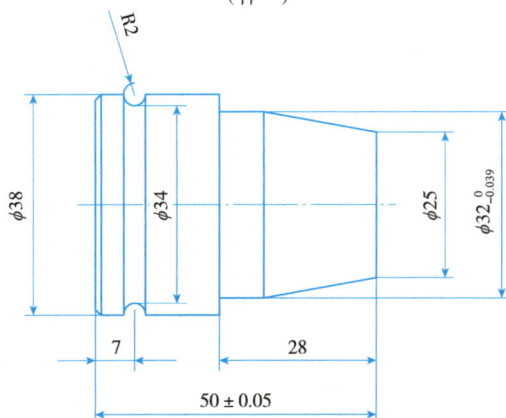

（件二）

6.4-1 配合件加工样题（四）

续表

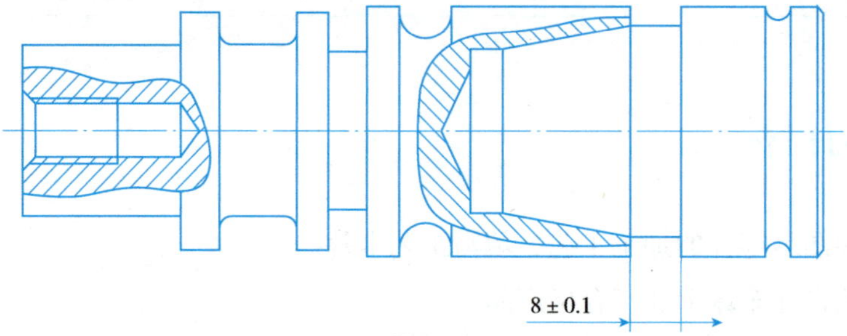

8 ± 0.1

（装配图）

序号	内容	关键点
件一 第一次装夹	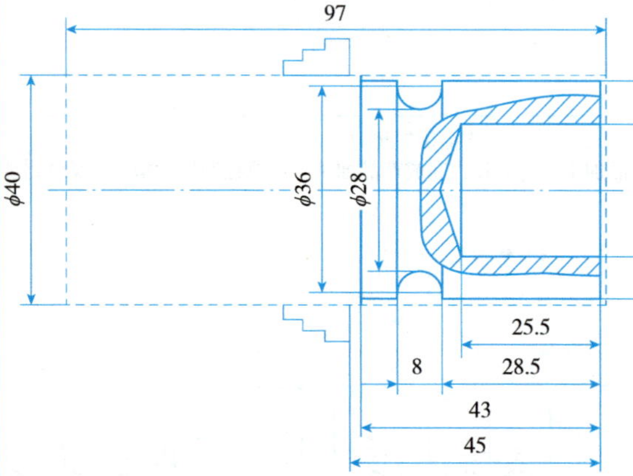 97 φ40 φ36 φ28 φ23 φ38 25.5 8 28.5 43 45	1. 工件装夹伸出45，平端面，钻孔φ23深度25.5（后面需要平端面，稍微长一点）。2. 粗车φ38.5长度43。3. 精车φ38。4. 切槽8×φ36，长度位置到28.5，留余量平端面控8mm配合长度。5. R2圆弧刀粗车R4底径φ28.3。6. R4圆弧刀精车R4
第二次装夹	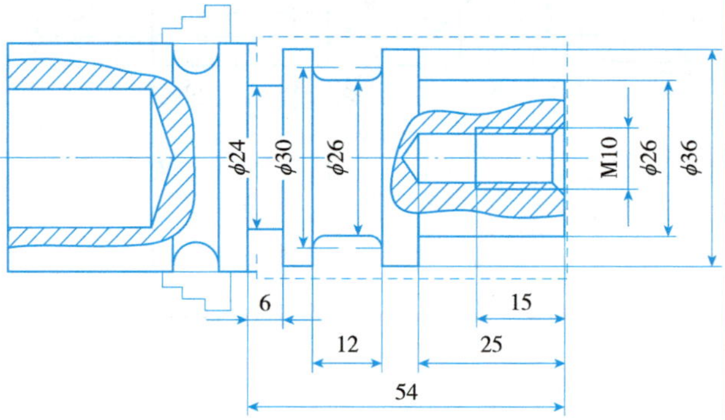 φ24 φ30 φ26 M10 φ26 φ36 6 12 15 25 54	1. 掉头装夹φ38位置，平端面控制总长95.5。2. 钻孔φ8.6深度25，攻螺纹M10深度15。3. 粗车φ36.5长度54、φ26长度24.8。4. 精车φ36、φ26长度25。5. 切槽6×φ24、12×φ30。6. R2圆弧刀粗精车底径φ26并完成R2圆弧。7. 倒角，取下工件备用
件二 第三次装夹	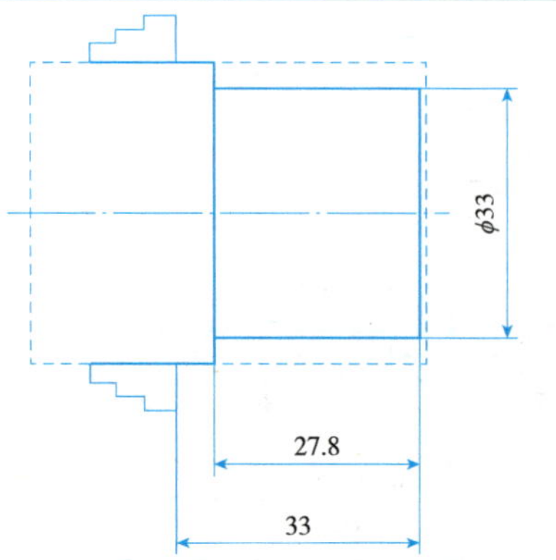 φ33 27.8 33	1. 工件装夹伸出33，平端面。2. 粗车φ33长度27.8

	序号	内容	关键点
件二	第四次装夹		1. 掉头装夹 ϕ33 处，平端面，控总长 50mm。 2. 粗车 ϕ38.5。 3. 精车 ϕ38。 4. 切 R2 圆弧槽，底径 ϕ34，倒角
	第五次装夹		1. 掉头装夹 ϕ38 处，精车 ϕ32，长度 28mm。 2. 粗精车外圆锥控制小径至 ϕ25。 3. 倒角，取下工件
配合件	第六次装夹		1. 工件装夹 ϕ38 处，平端面 0.5。 2. 车内孔 ϕ25 长度 25。 3. 配合外圆锥粗精车内圆锥，控制锥缝至 8mm。 4. 倒角，检查完毕后取下工件完成加工

填写工件质量检验记录

件号	序号	测量位置	基本尺寸	满分	A 档	B 档	自测	师评
尺寸精度 （195分）	1	尺寸1	ϕ36	20	−0.039	−0.062		
	2	尺寸2	ϕ26	20	−0.033	−0.052		
	3	尺寸3	ϕ26	20	−0.033	−0.052		
	4	尺寸4	ϕ24	20	−0.052	−0.084		
	5	尺寸5	12	20	0.07	0.11		
	6	尺寸6	6	20	0.048	0.075		
	7	尺寸7	R4	5	± 0.2	± 0.5		
	8	角度	20°	5	± 0.1°	± 0.3°		
	9	其余尺寸		5	± 0.5			
	10	螺纹精度		5	H6	H7		
	11	粗糙度1		10	R_a1.6	R_a3.2		
	12	粗糙度2		10	R_a1.6	R_a3.2		
	13	粗糙度3		10	R_a1.6	R_a3.2		
	14	粗糙度4		10	R_a1.6	R_a3.2		
	15	粗糙度5		10	R_a1.6	R_a3.2		
	16	其余粗糙度		5	R_a12.5			
件二（90分）	1	尺寸1	ϕ32	15	−0.039	−0.062		
	2	尺寸2	50	15	± 0.05	± 0.08		
	3	圆弧槽	R2	5	± 0.1	± 0.2		
	4	其余尺寸		5	± 0.5			
	5	粗糙度1		10	R_a1.6	R_a3.2		
	6	粗糙度2		10	R_a1.6	R_a3.2		
	7	粗糙度3		10	R_a1.6	R_a3.2		
	8	粗糙度4		10	R_a1.6	R_a3.2		
	9	其余粗糙度		5	R_a12.5			
	10	自测尺寸	ϕ32	5				
配合 （35分）	1	20° 结合率		15	60%	40%		
	2	8mm		20	± 0.1	± 0.2		
职业素养 （20分）	1	打刀		5				
	2	工件报废		5				
	3	受伤		5				
	4	工位和机床清洁		5				
总分								

三、任务评价

序号	评价内容	评价方法	评价标准	配分	自评	互评	师评	得分
1	操作过程正确	现场评价	毛坯装夹，刀具安装，溜板操作	20				
2	产品	提交作品	根据图纸要求	60				
3	做笔记	交作业	认真做好笔记，字迹工整	10				
4	安全素养	现场评价	安全文明生产	10				
总计				100				

四、课后反思

1.通过本次任务的学习，我的收获有哪些?

_____

_____

2.学习过程中，遇到了哪些问题，我是如何解决的?

_____

_____

五、实训老师点评

实训老师评价等级				
等级评定	A：优 □	B：良 □	C：中 □	D：待改进 □
老师签名：				年　月　日
备注：满分100分。85分以上为"优"，75~84分为"良"，60~74分为"中"，60分以下为"待改进"				

任务6.5 模拟题（五）

一、学习目标

1. 掌握图示零件的加工工艺，填写工艺卡片。
2. 能独自在车床上加工合格产品。
3. 培养学生细致严谨的安全意识和质量意识。

二、任务知识储备

6.5-1 配合件加工样题（五）

产品加工练习

要求：根据下面产品图纸，结合产品加工工艺卡片，完成产品加工，注意控制尺寸精度。总共需要多次装夹完成整套零件的加工

（件一）

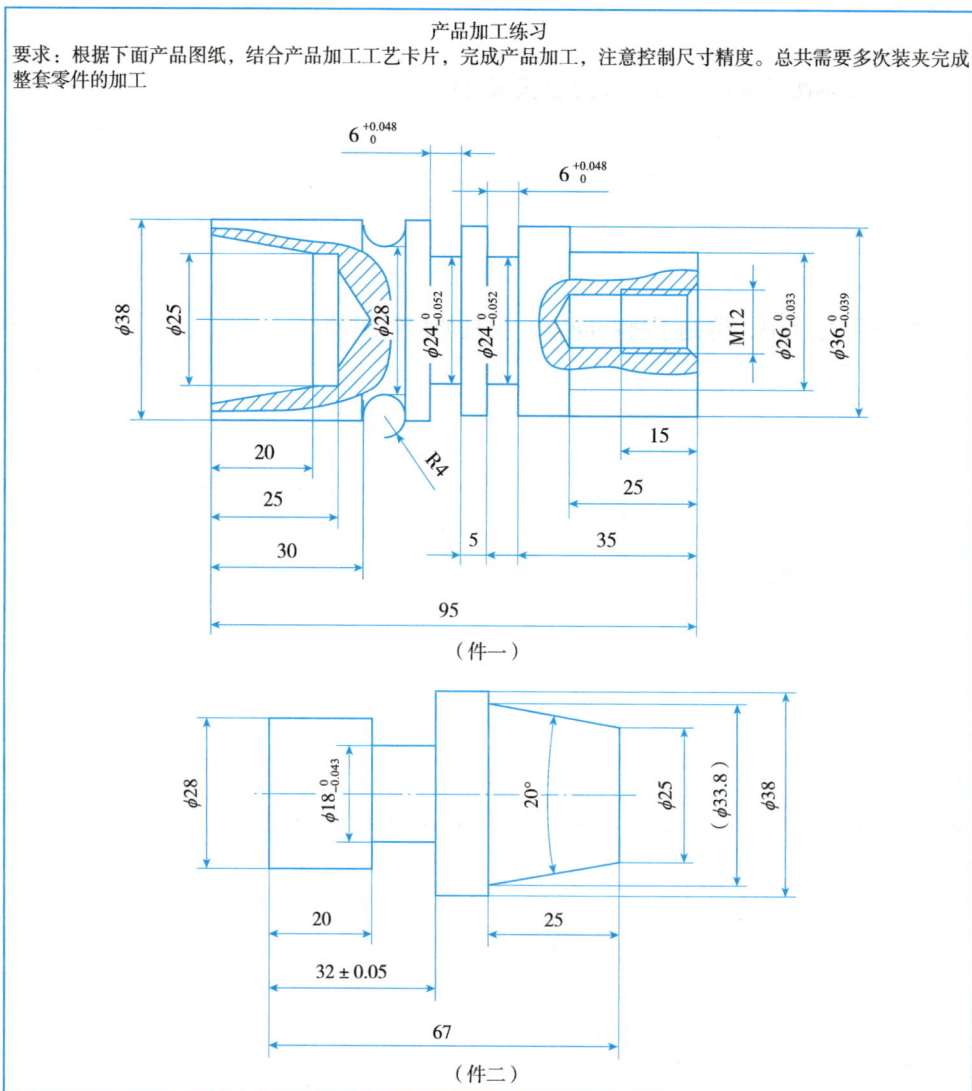

（件二）

续表

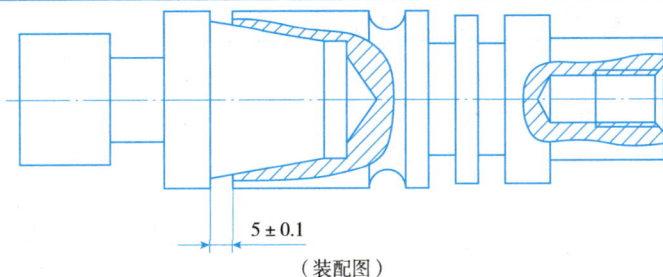

5±0.1

（装配图）

序号	内容	关键点
件一（长轴） 第一次装夹	$\phi36$ $\phi28$ $\phi23$ $\phi38$ 25 30.5 49	1. 工件装夹伸出 50，平端面钻孔 $\phi23$ 深度 24。 2. 粗车 $\phi38.5$ 长度 45。 3. 精车 $\phi38$。 4. 切槽 $8\times\phi36$，长度位置到 30.5（留 0.5mm 精加工余量）。 5. R2 圆弧刀粗车 R4 底径 $\phi27.7$。 6. R4 圆弧刀精车 R4
件一（长轴） 第二次装夹	$\phi24$ $\phi24$ M10 $\phi26$ $\phi36$ 6 6 25 52 95.5	1. 调头装夹 $\phi38$ 位置，平端面控制总长 95.5（孔端留 0.5mm 余量）。 2. 钻孔 $\phi8.6$ 深度 25。 3. 攻螺纹 M10 深度 15。 4. 粗车 $\phi36.5$ 长度 52、$\phi26$ 长度 24.8。 5. 精车 $\phi36$、$\phi26$ 长度 25。 6. 切槽 $6\times\phi24$（两处）。 7. 倒角，取下工件备用
件二（短轴） 第三次装夹	$\phi35$ $\phi38.5$ 24.5 37 40	1. 工件装夹伸出 40mm，平端面。 2. 粗车 $\phi38.5$ 长度 37、$\phi35$ 长度 24.5。 3. 精车 $\phi38$

133

续表

序号	内容	关键点

件二（短轴）

第四次装夹

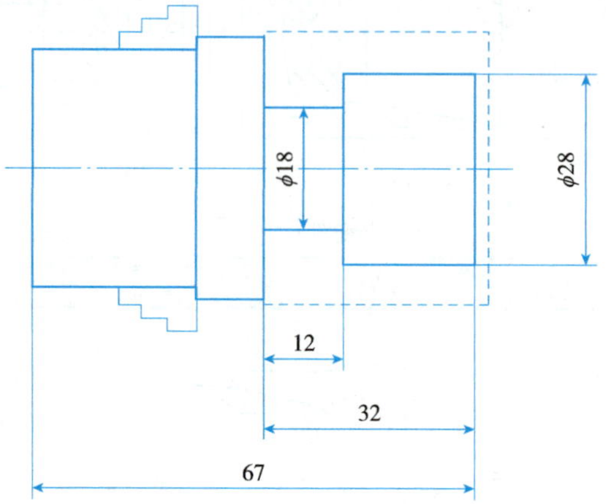

φ18　φ28　12　32　67

1. 调头装夹，平端面控制总长至 67。
2. 粗车 φ28.5 长度 31.8。
3. 精车 φ28.5 长度 32。
4. 切槽 φ18×12

第五次装夹

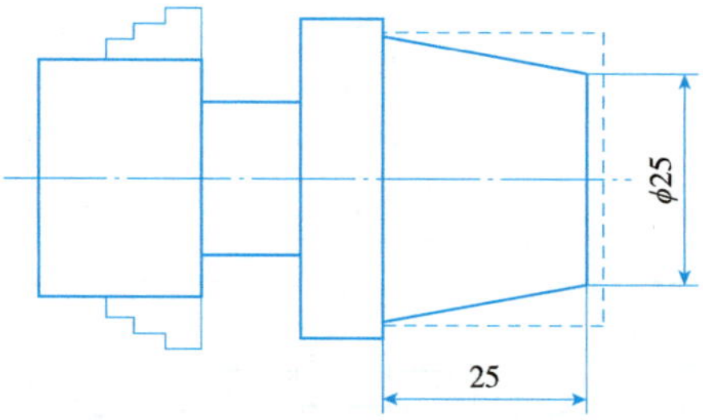

φ25　25

1. 工件贴紧卡爪车 20°粗精车外锥，控制小径至 φ25，长度 25。
2. 倒角去毛刺取下工件

配合件

第六次装夹

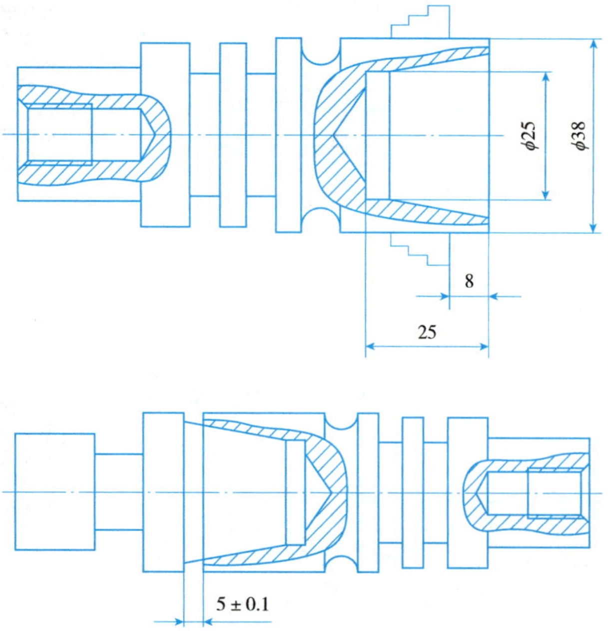

φ25　φ38　8　25

5±0.1

1. 工件装夹 φ38 处，卡爪距离端面 8mm 左右，平端面 0.5。
2. 车内孔 φ25 长度 25。
3. 配合外圆锥粗精车内圆锥，控制锥缝至 5mm。
4. 倒角，检查完毕后取下工件完成加工

填写工件质量检验记录

件号	序号	测量位置	基本尺寸	满分	A 档	B 档	自测	师评
尺寸精度（195分）	1	尺寸1	$\phi36$	20	−0.039	−0.062		
	2	尺寸2	$\phi26$	20	−0.033	−0.052		
	3	尺寸3	$\phi24$	20	−0.052	−0.084		
	4	尺寸4	$\phi24$	20	−0.052	−0.13		
	5	尺寸5	6	20	0.048	0.075		
	6	尺寸6	6	20	0.048	0.075		
	7	尺寸7	R4	5	± 0.2	± 0.5		
	8	其余尺寸		5	± 0.5			
	9	螺纹精度		10	H6	H7		
	10	螺纹粗糙度		10	$R_a1.6$	$R_a3.2$		
	11	粗糙度1		10	$R_a1.6$	$R_a3.2$		
	12	粗糙度2		10	$R_a1.6$	$R_a3.2$		
	13	粗糙度3		10	$R_a1.6$	$R_a3.2$		
	14	粗糙度4		10	$R_a1.6$	$R_a3.2$		
	15	其余粗糙度		5	$R_a12.5$			
件一（90分）	1	尺寸1	$\phi18$	10	−0.043	−0.07		
	2	尺寸2	32	10	± 0.05	± 0.08		
	3	角度	20°	10	± 1°			
	4	其余尺寸		10	± 0.5			
	5	粗糙度1		10	$R_a1.6$	$R_a3.2$		
	6	粗糙度2		10	$R_a1.6$	$R_a3.2$		
	7	粗糙度3		10	$R_a1.6$	$R_a3.2$		
	8	粗糙度4		10	$R_a1.6$	$R_a3.2$		
	9	其余粗糙度		5	$R_a12.5$			
	10	自测尺寸	$\phi18$	5				
配合（35分）	1	20° 结合率		15	60%	40%		
	2	5mm		20	± 0.1	± 0.2		
职业素养（20分）	1	打刀		5				
	2	工件报废		5				
	3	受伤		5				
	4	工位和机床清洁		5				
总分								

三、任务评价

序号	评价内容	评价方法	评价标准	配分	自评	互评	师评	得分
1	操作过程正确	现场评价	毛坯装夹，刀具安装，溜板操作	20				
2	产品	提交作品	根据图纸要求	60				
3	做笔记	交作业	认真做好笔记，字迹工整	10				
4	安全素养	现场评价	安全文明生产	10				
总计				100				

四、课后反思

1. 通过本次任务的学习，我的收获有哪些？

_____

_____

2. 学习过程中，遇到了哪些问题，我是如何解决的？

_____

_____

五、实训老师点评

实训老师评价等级			
等级评定	A：优 □	B：良 □	C：中 □	D：待改进 □
老师签名：			年　月　日
备注：满分 100 分。85 分以上为"优"，75~84 分为"良"，60~74 分为"中"，60 分以下为"待改进"			

任务 6.6 模拟题（六）

一、学习目标

1. 掌握图示零件的加工工艺，填写工艺卡片。

2. 能独自在车床上加工合格产品。

3. 培养学生细致严谨的安全意识和质量意识。

二、任务知识储备

产品加工练习

要求：根据下面产品图纸，结合产品加工工艺卡片，完成产品加工，注意控制尺寸精度。总共需要五次装夹完成整套零件的加工

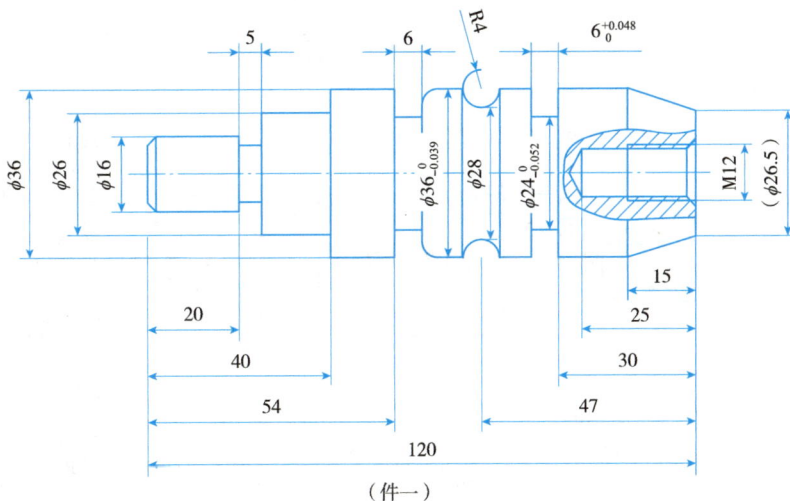

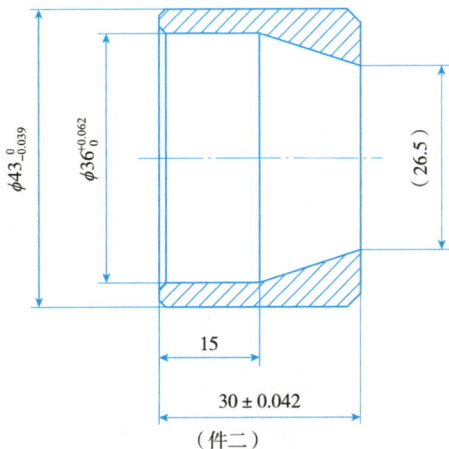

6.6-1 配合件加工样题（六）

（件一）

（件二）

续表

（装配图）

序号		内容	关键点
件一 （长轴）	第一次装夹		1.（轴 $\phi40\times125$）工件装夹伸出 40，平端面。 2. 粗车 $\phi37$。 3. 钻孔 10.3 长度 25，倒角。 4. 攻螺纹 M12。 5. 倒角，去毛刺取下备用
	第二次装夹		1. 已加工端面距离卡爪 10，平端面，控120 总长。 2. 粗车 $\phi36.5$、$\phi26.5$ 长度 39.8、$\phi16.5$ 长度 25。 3. 精车 $\phi36$、$\phi26$、$\phi16$。 4. 切槽 $5\times\phi12$、$6\times\phi24$、$\phi24\times6$。 5. R2 圆弧刀粗车内圆弧 R4 底径 $\phi27.7$。 6. R2 圆弧刀车外圆弧 R4。 7. R4 圆弧刀精车内圆弧 R4。 8. 倒角去毛刺取下工件
件二 （短轴）	第三次装夹		1.（套 $\phi45\times\delta10\times40$）工件装夹伸出 25，平端面。 2. 粗车 $\phi44$ 长度至卡爪处。 3. 倒角去毛刺取下工件

	序号	内容	关键点
件二（短轴）	第四次装夹		1. 调头装夹（卡爪距已加工处 5mm），平端面控制总长至 30。 2. 粗车内孔 ϕ35.5 长度 15。 3. 精车内孔 ϕ36。 4. 粗精车 35° 内锥。 5. 倒角去毛刺取下工件
配合件	第五次装夹		1.（轴）工件装夹 ϕ36 处，伸出 36 长（注意加紧力度）。 2. 精车 ϕ36。 3. 车 35° 外锥（与内锥配做）。 4. 按照图纸要求组合套零件（螺钉＋垫片锁紧，注意加紧力度）。 5. 粗车 ϕ43.5。 6. 精车 ϕ43。 7. 倒角，检查完毕后取下工件完成加工

填写工件质量检验记录

件号	序号	测量位置	基本尺寸	满分	A 档	B 档	自测	师评
尺寸精度（160分）	1	尺寸1	ϕ36	20	−0.039	−0.062		
	2	尺寸2	ϕ24	20	−0.052	−0.084		
	3	尺寸3	6	20	0.048	0.075		
	4	尺寸4	内 R4	10	−0.052	−0.13		
	5	尺寸5	外 R4	10	±0.2	±0.5		
	6	其余尺寸		10	±0.5			
	7	螺纹精度		10	H6	H7		
	8	螺纹粗糙度		10	R_a1.6	R_a3.2		
	9	粗糙度1		10	R_a1.6	R_a3.2		
	10	粗糙度2		10	R_a1.6	R_a3.2		

续表

件号	序号	测量位置	基本尺寸	满分	A 档	B 档	自测	师评
尺寸精度 （160 分）	11	粗糙度 3		10	$R_a1.6$	$R_a3.2$		
	12	粗糙度 4		10	$R_a1.6$	$R_a3.2$		
	13	其余粗糙度		10	$R_a12.5$			
件一 （130 分）	1	尺寸 1	$\phi43$	20	−0.039	−0.062		
	2	尺寸 2	$\phi36$	20	0.062	0.16		
	3	尺寸 3	30	20	± 0.042	± 0.065		
	4	角度	35°	10	$R_a1.6$	$R_a3.2$		
	5	其余尺寸		10	± 0.5			
	6	粗糙度 1		10	$R_a1.6$	$R_a3.2$		
	7	粗糙度 2		10	$R_a1.6$	$R_a3.2$		
	8	粗糙度 3		10	$R_a1.6$	$R_a3.2$		
	9	粗糙度 4		10	$R_a3.2$	$R_a6.3$		
	10	其余粗糙度		10	$R_a12.5$			
装配 （30 分）	1	35° 的锥面结合率		10	≥ 60%	≥ 40%		
	2	$\phi36$ 处配做间隙		20	0.05	0.1		
职业素养 （20 分）	1	打刀		5				
	2	工件报废		5				
	3	受伤		5				
	4	工位和机床清洁		5				
总分								

三、任务评价

序号	评价内容	评价方法	评价标准	配分	自评	互评	师评	得分
1	操作过程正确	现场评价	毛坯装夹，刀具安装，溜板操作	20				
2	产品	提交作品	根据图纸要求	60				
3	做笔记	交作业	认真做好笔记，字迹工整	10				
4	安全素养	现场评价	安全文明生产	10				
总计				100				

四、课后反思

1.通过本次任务的学习，我的收获有哪些？

_____

_____

2.学习过程中，遇到了哪些问题，我是如何解决的？

_____

_____

五、实训老师点评

实训老师评价等级			
等级评定	A：优 □	B：良 □	C：中 □	D：待改进 □
老师签名：			年　月　日
备注：满分100分。85分以上为"优"，75~84分为"良"，60~74分为"中"，60分以下为"待改进"			

任务6.7　模拟题（七）

一、学习目标

1.掌握图示零件的加工工艺，填写工艺卡片。
2.能独自在车床上加工合格产品。
3.培养学生细致严谨的安全意识和质量意识。

二、任务知识储备

6.7-1　配合
件加工样题
（七）

产品加工练习
要求：根据下面产品图纸，结合产品加工工艺卡片，完成产品加工，注意控制尺寸精度。总共需要五次装夹完成整套零件的加工

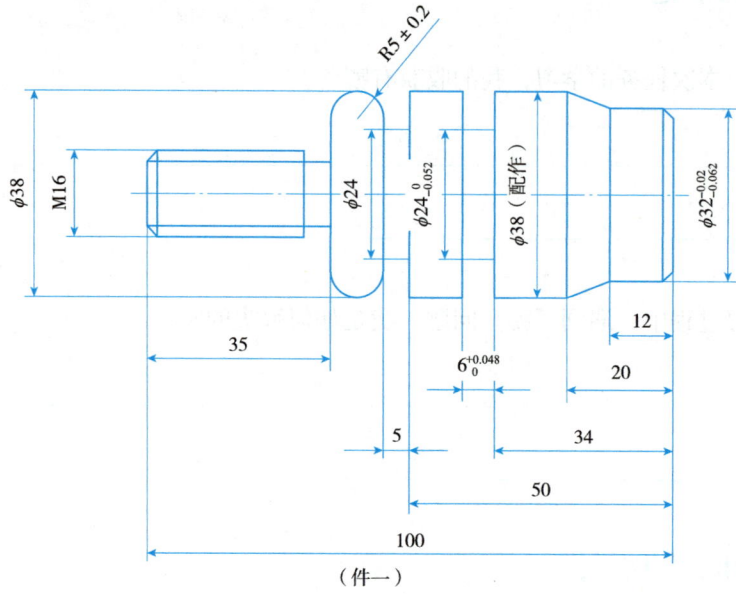

（件一）

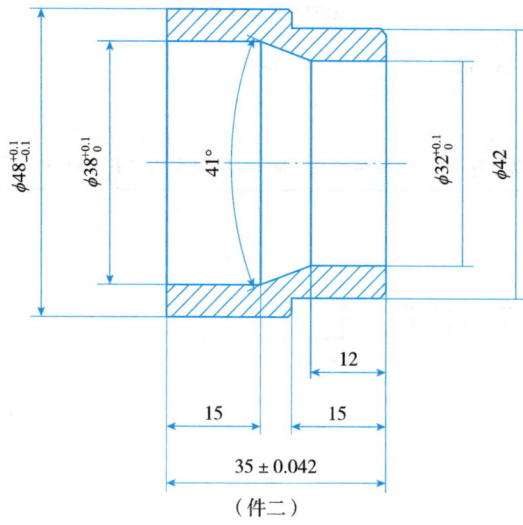

（件二）

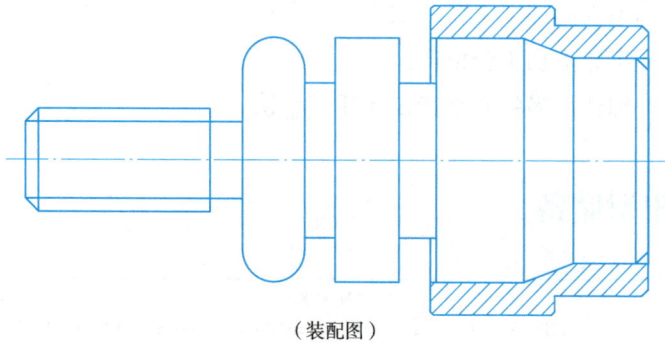

（装配图）

序号		内容	关键点
件一（长轴）	第一次装夹		第一次装夹（长轴）： 1.（轴$\phi40\times105$）工件装夹伸出45，平端面。 2. 粗车$\phi39$长度40、$\phi33$长度12。 3. 切槽$6\times\phi24$。 4. 倒角，去毛刺取下备用
	第二次装夹		第二次装夹（长轴）： 1. 掉头装夹$\phi39$处，平端面控制总长至100。 2. 粗车$\phi38.5$、$\phi16.5$长度34.8。 3. 精车$\phi38$、$\phi15.8$。 4. 切槽$5\times\phi24$、$5\times\phi12$。 5.R2圆弧刀粗精车外圆弧R5。 6. 螺纹处倒角，M16板牙过螺纹。 7. 去毛刺取下备用
件二（短轴）	第三次装夹		第三次装夹（套）： 1.（套$\phi50\times\delta10\times40$）工件装夹伸出25，平端面。 2. 粗车$\phi48.5$长度25。 3. 粗车$\phi42$长度15。 4. 精车$\phi42$。 5. 倒角，去毛刺取下备用

143

续表

	序号	内容	关键点
件二 （短轴）	第四次装夹		第四次装夹（套）： 1. 调头装夹 φ42 处，距离轴肩处 2mm，平端面控制总长至 35。 2. 粗车 φ48.5。 3. 精车 φ48。 4. 粗精车内孔 φ32、φ38 长度 15。 5. 粗精车 21° 内锥。 6. 倒角，去毛刺取下备用
配合件	第五次装夹		第五次装夹（轴）： 1.（轴）工件装夹 φ38 处。 2. 精车 φ38、φ32。 3. 配合内圆锥车 21° 外锥。 4. 倒角，检查完毕后取下工件完成加工

填写工件质量检验记录

件号	序号	测量位置	基本尺寸	满分	A 档	B 档	自测	师评
件一 （150分）	1	尺寸 1	φ32	20	−0.02 −0.062	−0.02 −0.16		
	2	尺寸 2	φ24	20	−0.052	−0.13		
	3	尺寸 3	6	20	0.048	0.075		
	4	尺寸 4	R5	20	± 0.2	± 0.5		
	5	其余尺寸		10	± 1			
	6	螺纹精度		10	H6	H7		

续表

件号	序号	测量位置	基本尺寸	满分	A 档	B 档	自测	师评
件一 （150分）	7	螺纹粗糙度		10	$R_a1.6$	$R_a3.2$		
	8	粗糙度1		15	$R_a1.6$	$R_a3.2$		
	9	粗糙度2		15	$R_a1.6$	$R_a3.2$		
	10	其余粗糙度		10	$R_a12.5$			
件二 （140分）	1	尺寸1	$\phi48$	20	−0.1	−0.16		
	2	尺寸2	$\phi38$	20	0.1	0.16		
	3	尺寸3	$\phi32$	20	0.1	0.16		
	4	尺寸4	35	20	± 0.042	± 0.08		
	5	角度	21°	5	± 1°			
	6	其余尺寸		5	± 1			
	7	粗糙度1		10	$R_a1.6$	$R_a3.2$		
	8	粗糙度2		10	$R_a3.2$	$R_a6.3$		
	9	粗糙度3		10	$R_a3.2$	$R_a6.3$		
	10	粗糙度4		10	$R_a3.2$	$R_a6.3$		
	11	其余粗糙度		10	$R_a12.5$			
装配 （30分）	1	21° 的锥面结合率		10	≥ 60%	≥ 40%		
	2	$\phi38$ 配做		20	0.1	0.16		
职业素养 20分	1	打刀		5				
	2	工件报废		5				
	3	受伤		5				
	4	工位和机床清洁		5				
总分								

三、任务评价

序号	评价内容	评价方法	评价标准	配分	自评	互评	师评	得分
1	操作过程正确	现场评价	毛坯装夹， 刀具安装， 溜板操作	20				
2	产品	提交作品	根据图纸要求	60				
3	做笔记	交作业	认真做好笔记，字 迹工整	10				
4	安全素养	现场评价	安全文明生产	10				
	总计			100				

四、课后反思

1.通过本次任务的学习，我的收获有哪些？

_____

_____

2.学习过程中，遇到了哪些问题，我是如何解决的？

_____

_____

五、实训老师点评

实训老师评价等级			
等级评定	A：优 □	B：良 □	C：中 □	D：待改进 □
老师签名：			年 月 日
备注：满分100分。85分以上为"优"，75~84分为"良"，60~74分为"中"，60分以下为"待改进"			

项目 7

企业案例拓展——拖拉机传动轴加工与实训

任务 7.1 企业典型零件加工流程分析

一、学习目标

1. 掌握堵头类零件的典型工艺路线（棒料→粗车→半精车→精车）。理解工序划分原则（粗精分离、基准统一），能识别加工流程中的关键质量控制点。

2. 能编制完整加工工艺文件，保证公差、表面粗糙度等技术要求。能分析加工难点（同轴度要求），并提出解决方案（百分表检测）。

3. 培养学生标准化意识，遵守工艺文件编制规范。

二、任务知识储备

1. 典型工艺路线

材料选择：45 钢，调质处理。

2. 关键工序

粗车：留 2~3mm 半精加工余量。

半精车：留 0.5~0.7mm 精加工余量。

精车：控制尺寸精度和表面粗糙度。

3. 质量控制方法

调头装夹，注意百分百控制同轴度误差在 0.05mm 以内。

三、课堂练习

案例分析：

分析某企业堵头工艺文件（图 7.1-1），指出工序划分合理性及改进建议。

评分标准：工艺逻辑性（40分）、技术标注完整性（30分）、改进方案可行性（30分）。

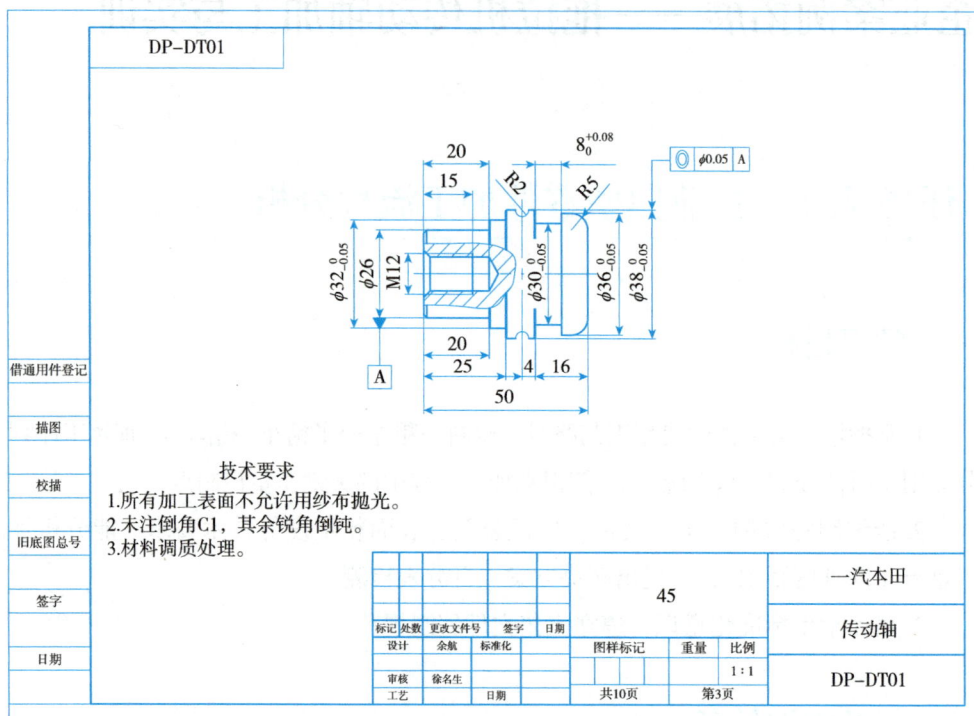

图 7.1-1　堵头工艺图

四、任务评价

序号	评价内容	评价方法	评价标准	配分	自评	互评	师评	得分
1	准确识读零件图	现场评价	找出重要尺寸和技术要求	20				
2	梳理工艺流程图，加工产品	思路清晰	根据图纸要求	60				
3	做笔记	交作业	认真做好笔记，字迹工整	10				
4	安全素养	现场评价	安全文明生产	10				
		总计		100				

五、课后反思

1.通过本次任务的学习，我的收获有哪些？

2.学习过程中，遇到了哪些问题，我是如何解决的？

六、实训老师点评

实训老师评价等级			
等级评定	A：优 □	B：良 □	C：中 □	D：待改进 □
老师签名：			年 月 日
备注：满分100分。85分以上为"优"，75~84分为"良"，60~74分为"中"，60分以下为"待改进"			

任务 7.2　批量生产中的工艺优化

一、学习目标

1.知识目标：掌握批量生产中的效率提升策略（如复合刀具应用、工序合并）。理解成本控制方法（如刀具寿命管理、材料利用率优化）。

2.技能目标：能设计阶梯轴高效加工方案（如粗精车合并工序、减少换刀次数）。能通过切削参数优化（如提高转速20%）缩短单件加工时间。

3.素养目标：强化数据驱动思维，能通过生产报表分析瓶颈工序（如统计换刀耗时占比）。

二、任务知识储备

1.刀具优化方案

粗加工：YT15硬质合金刀具，主偏角75°，切削速度120m/min。

精加工：立方氮化硼刀具BN-H11，寿命较传统刀具提升5倍。

149

2. 设备选型原则

批量生产优先选用数控车床，支持程序存储与快速换型。

三、课堂练习

实战模拟：

给定月产量 5000 件传动轴订单，设计兼顾效率与成本的优化方案。

评分标准：方案可行性（50 分）、成本降低率（30 分）、设备利用率计算准确性（20 分）。

（一）模拟背景

某农机企业接到传动轴（材质 45 钢，规格 $\phi 50 \times 600mm$）批量订单，要求：月产量 5000 件。技术要求：同轴度 $\leq 0.03mm$，表面粗糙度 $R_a 0.8\mu m$。成本约束：单件加工成本需降低 15%（原成本 280 元/件）。

（二）实战任务要求

1. 优化方案设计：提出工艺优化策略（如工序合并、刀具升级、切削参数调整等）；完成成本核算表（含材料费、刀具损耗、设备折旧等）。

2. 交付成果：工艺路线改进说明；成本核算表（Excel 格式），需体现降本措施与节约金额。

（三）实战步骤与评分标准

步骤一：工艺优化策略制定

1. 工序合并

原工艺：粗车→半精车→精车（3 道工序）。

优化方案：采用复合刀具实现粗车 + 半精车合并为 1 道工序，减少换刀时间 20%。

2. 刀具升级

将 YT15 刀具替换为 BN–H11 涂层刀具，寿命从 500 件提升至 2500 件，降低刀具成本 30%。

3. 切削参数调整

精车转速从 800r/min 提升至 1000r/min，单件加工时间缩短 8%。

步骤二：成本核算表编制

成本项	原方案（元 / 件）	优化方案（元 / 件）	节约金额（元 / 件）
材料费	120	120	0
刀具损耗	45	30	15
设备折旧	60	55	5
人工费	35	35	0
合计	260	240	20

注：设备折旧费用降低因工序合并减少机床占用时间。

步骤三：可行性验证

同轴度验证：优化后抽检 50 件，使用双顶尖 + 百分表检测，合格率 ≥ 98%。

效率提升：日均产量从 200 件提升至 240 件，满足交期要求。

四、评分标准

评分项	分值	评分依据
方案可行性	50 分	工艺逻辑合理、降本措施可落地
成本降低率	30 分	单件成本 ≤ 240 元（目标达成率 100%）
设备利用率	20 分	折旧计算准确，数据来源明确

五、任务评价

序号	评价内容	评价方法	评价标准	配分	自评	互评	师评	得分
1	分析工艺改进方案	现场评价	准确合理	20				
2	准确填写工艺卡片	提交作品	根据图纸要求	60				
3	做笔记	交作业	认真做好笔记，字迹工整	10				
4	安全素养	现场评价	安全文明生产	10				
	总计			100				

六、课后反思

1.通过本次任务的学习，我的收获有哪些？

_____

_____

2.学习过程中，遇到了哪些问题，我是如何解决的？

_____

_____

七、实训老师点评

实训老师评价等级			
等级评定	A：优 □	B：良 □	C：中 □	D：待改进 □
老师签名：			年 月 日
备注：满分100分。85分以上为"优"，75~84分为"良"，60~74分为"中"，60分以下为"待改进"			

任务7.3 简单企业零件实训（传动轴）

一、学习目标

1.知识目标：掌握传动轴加工步骤。理解传动轴的装夹要点（如同轴度控制）。

2.技能目标：能独立完成传动轴车削加工。

3.素养目标：养成"首件三检"（自检、互检、专检）习惯，降低批量报废风险。

二、任务知识储备

传动轴加工要点：

1. 基准选择：以毛坯外圆为粗基准。

2. 加工工艺选择，粗加工→半精加工→精加工。

3. 二次装夹，杠杆百分表检查圆跳动，保证同轴度误差。

三、课堂练习

实操任务：完成图示传动轴的加工，保证尺寸精度、表面粗糙度和技术要求。传动轴图纸见图 7.3-1。传动轴批量件见图 7.3-2。

评分标准：尺寸精度（40 分）、表面质量（30 分）、操作规范性（30 分）。

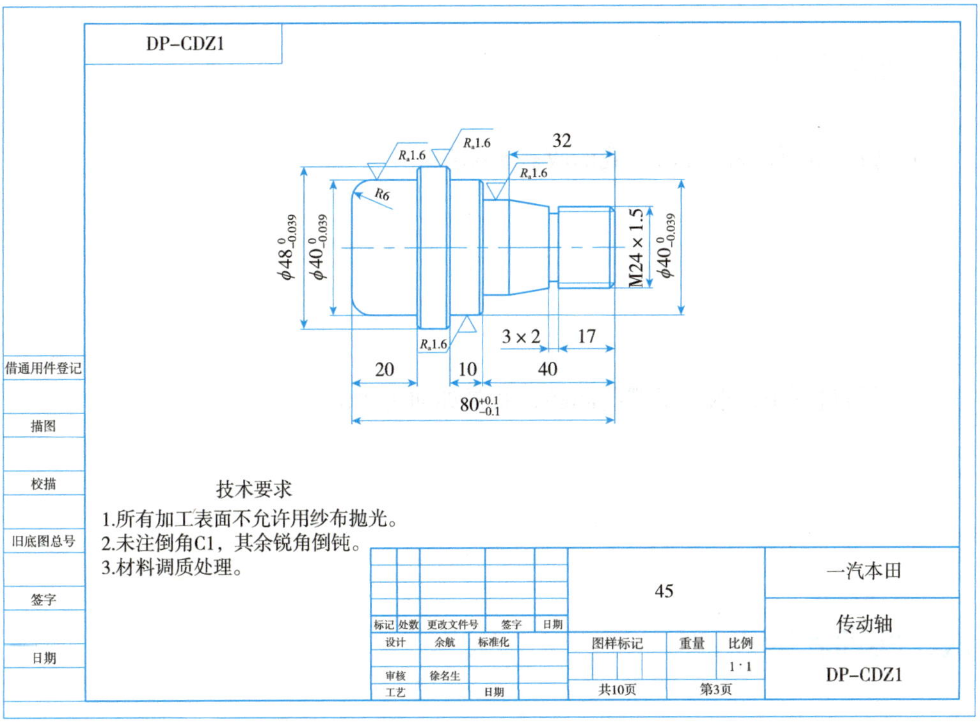

图 7.3-1 传动轴图

图 7.3-2 传动轴批量件

四、任务评价

序号	评价内容	评价方法	评价标准	配分	自评	互评	师评	得分
1	操作过程正确	现场评价	毛坯装夹，刀具安装，溜板操作	20				
2	产品	提交作品	根据图纸要求	60				
3	做笔记	交作业	认真做好笔记，字迹工整	10				
4	安全素养	现场评价	安全文明生产	10				
	总计			100				

五、课后反思

1.通过本次任务的学习，我的收获有哪些？

_____

_____

2.学习过程中，遇到了哪些问题，我是如何解决的？

_____

_____

六、实训老师点评

实训老师评价等级				
等级评定	A：优 □	B：良 □	C：中 □	D：待改进 □
老师签名：				年　月　日
备注：满分100分。85分以上为"优"，75~84分为"良"，60~74分为"中"，60分以下为"待改进"				

4

第四部分

附录

技能高考考纲要点解析　安全操作手册　工艺卡与评分表模板

技能高考考纲要点解析

一、核心技能要求分析（普通车工）

1. 操作规范要求

安全文明生产：

必须穿戴防护用具（防护镜、工作服），工具定置管理，违反者扣5分/项。

机床启动前需检查润滑系统与卡盘夹紧状态，未执行扣3分。

工量具使用规范：

刀具装夹需保证刀尖与工件中心等高，误差≤0.5mm。

千分尺使用前校准零位，测量时保持测头与工件垂直，违规扣2分/次。

2. 工艺制定能力

工艺路线设计：

典型工序：粗车→热处理→精车→螺纹加工，需标注工序余量（粗车留2mm半精加工余量）。

切削参数选择：粗车转速400~600r/min，精车800~1000r/min；背吃刀量粗车2~3mm，精车0.2~0.5mm。

工序卡片编制：需包含刀具编号、切削参数、检测要求。

3. 精度控制要点

尺寸公差控制：

外圆直径公差IT7级（如$\phi 50 \pm 0.02$mm），超差扣10分/处。

螺纹中径检测用三针法，误差≤0.05mm。

形位公差控制：

同轴度要求≤0.03mm（双顶尖装夹检测），超差扣15分。

端面跳动≤0.05mm，使用杠杆百分表检测。

二、典型考题分析与评分标准

1. 典型考题示例

考题1：台阶轴车削

任务：加工$\phi 30 \times 100$mm（IT7）、$\phi 40 \times 50$mm（IT8）两处外圆，表面粗糙度

$R_a3.2\mu m$。

难点：台阶过渡处清根（R0.3mm 圆弧），未达标扣 8 分。

考题 2：螺纹车削（M24×3）

任务：车削 $T_r36×6$ 梯形螺纹，中径公差 ±0.05mm，牙型角 30°±1°。

刀具选择：高速钢螺纹车刀，刀尖角修正为 29°（补偿切削变形）。

2. 评分标准解析

评分项	分值	扣分细则
尺寸精度	120 分	超差 0.01mm 扣 5 分，累计扣分
表面粗糙度	60 分	R_a 值超差一级扣 10 分，$R_a3.2\sim R_a6.3$ 扣 20 分
安全文明生产	20 分	未穿戴防护具直接扣 5 分，工具散落扣 3 分
工艺文件完整性	40 分	缺切削参数或检测项扣 10 分／项

3. 高频失分点

刀具崩刃处理：考生未及时停机更换刀具导致工件划伤（扣 15 分）。

基准选择错误：精加工未切换至内孔基准导致同轴度超差（扣 20 分）。

安全操作手册

一、普通车床操作基本要求

1. 操作前准备

防护装备：

必须穿戴防飞溅护目镜、紧身工作服、防滑劳保鞋，长发需盘入帽内。未穿戴防护用具禁止操作。

机床检查：

润滑系统油位需不小于刻度线的 2/3，卡盘夹紧状态确认无松动。急停按钮功能测试，确保 3s 内停机响应。

2. 工件与刀具装夹

工件装夹：

使用三爪卡盘时，夹持长度不小于工件直径的 1.5 倍，避免悬伸过长引发振动。细长轴类工件需配合尾座顶尖，同轴度误差 ≤ 0.05mm。

刀具装夹：

车刀刀尖需与工件中心等高（误差 ≤ 0.5mm），通过垫片调整高度。螺纹车刀需用对刀样板校准牙型角，偏差超过 ±1° 需重新装夹。

3.加工过程控制

切削参数选择：

粗车：转速 400~600r/min，进给量 0.3~0.5mm/r，背吃刀量 2~3mm。

精车：转速 800~1000r/min，进给量 0.1~0.2mm/r，背吃刀量 0.2~0.5mm。

异常处理：

发现刀具崩刃、工件松动时，立即按下急停按钮，严禁徒手清理切屑。

二、事故应急处理指南

1.常见事故类型与处理

事故类型	应急措施
机械伤害	立即停机→止血包扎→报告现场负责人→送医（若伤口深度 >3mm 需缝合）
触电	切断电源→用绝缘木棒移开带电体→心肺复苏（若呼吸停止）→呼叫"120"
切屑飞溅	护目镜防护失效时，闭眼转身躲避→用刷子清理切屑→检查眼部是否受伤
火灾	小型火情用干粉灭火器扑灭→火势蔓延时启动消防警报→按逃生通道撤离

2.应急物资配置

急救箱：含止血纱布、碘伏、创可贴、冰袋，放置于机床右侧工具箱上层。

灭火器：每台车床配备 1 具 4kg 干粉灭火器，每月检查压力表指针是否在绿区。

工艺卡与评分表模板

加工工艺卡片见附件一。

附件一

机械加工工艺卡片						
图纸名称：			姓名：	班级：		日期：
工步号	工步内容		刀具	主轴转速	进给量	备注
				r/min	r/mm	

评分细则及质量分析卡片见附件二。

附件二

质量（尺寸精度和表面粗糙度）分析卡片									
图纸名称：2024–2025 上学期车工实操期末考试						姓名：	班级：		日期：
	序号	分析部位（以下数据为举例说明）	等级 A/B	满分	自测实际加工尺寸	得分	不合格原因及改进措施（☆☆☆）	小组评分	师评
件一	1	φ38（例）							
	2	……							
	3	粗糙度 1（例）							
	4	……							
	5	……							
	6	……							
件二	1	φ38（孔）（例）							
	2	……							

续表

	序号	分析部位（以下数据为举例说明）	等级 A/B	满分	自测实际加工尺寸	得分	不合格原因及改进措施（☆☆☆）	小组评分	师评
件二	3	……							
	4	……							
	5	粗糙度 1（例）							
	6	……							
	7	……							
装配	1	锥配（例）							
	2	……							
	3	……							
职业素养	1								
考试心得体会：（分析考试过程中的收获和不足，以及后续的改进措施和努力方向）									

安全操作考核评分标准

评分项	分值	扣分细则
防护用具穿戴	10 分	未穿戴护目镜／工作服扣 5 分
工具定置管理	5 分	量具随意放置扣 3 分
急停操作响应	15 分	未在 3s 内停机扣 10 分
切屑清理规范性	10 分	用手直接清理切屑扣 8 分

教材特色设计

1. 理实一体化编排

每个项目以"任务驱动"为主线，包含"理论导学→工艺分析→操作示范→自主实训→评价反馈"闭环，强化学生从认知到应用的转化。

2. 考纲与岗位能力融合

将技能高考考点（如螺纹车削、锥面加工）与企业岗位需求（如工艺文件阅读、设备维护）结合，设置专项训练模块。

3. 思政与职业素养渗透

在安全操作、团队协作等环节融入工匠精神与职业道德教育，设置"企业案例"等拓展栏目。

参考依据

课程标准中 60~240 课时的项目划分。

技能高考对车工职业资格的要求（如螺纹加工、零件测量）。

企业岗位对"6S 管理""工艺优化"的核心能力需求。

参考文献

[1]　张新力，李涛.普通车床操作实训教程 [M].北京：机械工业出版社，2021.

[2]　王勇，刘伟.现代车床技术与实训 [M].上海：上海交通大学出版社，2020.

[3]　李明辉，张强.车床操作与维护 [M].北京：电子工业出版社，2019.

[4]　赵刚，陈浩.普通车床实训教程 [M].武汉：武汉理工大学出版社，2018.

[5]　刘志勇，周伟.车床加工技术 [M].广州：华南理工大学出版社，2017.

[6]　张凯，王磊.普通车床操作与实践 [M].北京：中国电力出版社，2016.

[7]　陈磊，赵涛.车床工艺与操作 [M].上海：同济大学出版社，2015.

[8]　李明，杨阳.普通车床实训教程 [M].北京：机械工业出版社，2014.

[9]　张伟，刘洋.车床操作技术 [M].上海：上海科学技术出版社，2013.

[10]　王勇，赵强.普通车床实训教程 [M].北京：化学工业出版社，2012.